Wie erfolgreiche Veränderungskommunikation wirklich funktioniert ?!

Dr. Eike Wagner

unter Mitwirkung von

Dr. Stefan Fries
Ulrich Gerndt
Holger Schaefer
Dr. Jürgen Schüppel

Bibliografische Information der Deutschen Nationalbibliothek
Die Deutsche Nationalbibliothek verzeichnet diese Publikation
in der Deutschen Nationalbibliografie; detaillierte bibliografische
Daten sind im Internet über http://dnb.d-nb.de abrufbar.

Dr. Eike Wagner
Wie erfolgreiche Veränderungskommunikation wirklich funktioniert?!

Berlin: Pro BUSINESS 2010

ISBN 978-3-86805-556-6

1. Auflage 2010

© 2010 by Pro BUSINESS GmbH
Schwedenstraße 14, 13357 Berlin
Alle Rechte vorbehalten.
Produktion und Herstellung: Pro BUSINESS GmbH
Gedruckt auf alterungsbeständigem Papier
Printed in Germany
www.book-on-demand.de

Vorwort

Veränderung, Change, Wandel, Transformation, ... Diese Begriffe prägen seit Jahren die Arbeit in Organisationen und Unternehmen. Das Managen von Veränderungen ist für Führungskräfte zum Alltag und damit zur Kernkompetenz geworden.

Wir, die change FACTORY GmbH in München, sind seit 12 Jahren als Berater und Trainer im Bereich Change Management für Unternehmen unterschiedlichster Art und Größe tätig. Über die Jahre haben wir zahlreiche Konzepte entwickelt und Erfahrungen gesammelt, die wir nun in einer Reihe von Publikationen mit dem Namen **Das change FACTORY Prinzip** bündeln und zur Verfügung stellen wollen. Auf Basis unseres erprobten Vorgehens wollen wir somit Change Management handhabbarer und einfacher machen. Und damit erfolgreicher. Als Frischekick für Manager, HR Verantwortliche, Kommunikatoren, Change Berater und natürlich für alle anderen, die sich für das Thema Change Management interessieren.

Unsere erste Veröffentlichung widmen wir unter der Federführung von Dr. Eike Wagner dem Thema **Change Kommunikation**: Prinzipien, Methoden und Instrumente für einen der wichtigsten Bausteine in einem professionellen Change Management: mit einer umfassenden Sammlung von konkreten Kommunikationsmaßnahmen als Nachschlagwerk. Denn ohne professionelle Change Kommunikation sind die Mitarbeiter desorientiert oder demotiviert. Nicht umsonst wird ineffektive Change Kommunikation in zahlreichen Studien als Hauptgrund für das Scheitern von Veränderungsprojekten genannt.

Wir wünschen Ihnen eine erfolgreiche Umsetzung Ihrer Projekte mit unseren „Werkzeugen" und freuen uns auf ihre Geschichten dazu.

München, November 2009
Dr. Stefan Fries

Inhaltsverzeichnis

Kapitel 1

Einleitung

Immer wieder fragen uns Kunden, worauf sie bei der Planung und Umsetzung der Kommunikation für ein Veränderungsprojekt achten sollen. Dieses Buch ist unsere Antwort. Wir bieten Projektleitern und Kommunikationsverantwortlichen konkrete Hilfe für die **Planung und Umsetzung von Kommunikationsmaßnahmen** ihrer Veränderungsprojekte.

Unter anderem finden Sie in diesem Buch Antworten auf die folgenden Fragen:

- Wie erstelle ich effizient ein effektives Kommunikationskonzept?
- Wie analysiere ich die Situation?
- Wie plane ich Kommunikationsmaßnahmen?
- Wie kombiniere ich Kommunikationsmaßnahmen?
- Welche Kommunikationsmaßnahmen stehen überhaupt zur Verfügung?
- Wie wähle ich Multiplikatoren aus und wie setze ich sie ein?
- Wie monitore ich die Umsetzung und die Wirkung der Kommunikation?
- Welche Tipps gebe ich Führungskräften zum Umgang mit Widerstand?

Sie könnten sich fragen, **warum noch ein Buch über Veränderungskommunikation** notwendig ist, denn es wurde schon viel darüber geschrieben. Wir sehen den Bedarf für ein weiteres Buch, **weil zu viele Veränderungsprojekte immer noch nicht erfolgreich umgesetzt werden**. Ein Grund ist, dass die Planung und Umsetzung der Kommunikation für ein Veränderungsprojekt unabhängig von der Anzahl der Ratgeber schwer ist. Es geht darum, die richtigen Maßnahmen auszuwählen, auszuplanen und handwerklich sauber umzusetzen. Ein anderer Grund ist, dass das Schreiben einer konkreten Hilfestellung für Kommunikationsverantwortliche ebenso schwer und aufwendig ist.

Für dieses Buch lassen wir uns an folgendem Anspruch messen:

- Die Tools sind in der **Praxis erprobt** und einfach anzuwenden.
- Die Wirkung der Maßnahmen ist **empirisch belegt.**
- Die Tipps sind **theoretisch fundiert.**
- Der Schreibstil ist **leicht verständlich.**

Dieses Buch ist das vorläufige Ende einer langen Reise. Ich glaube, die wesentliche Literatur über Change Kommunikation gelesen zu haben. Über die verschiedenen theoretischen Konstrukte und empirischen Nachweise habe ich mir mein eigenes Urteil gebildet. Nach fünf Jahren angewandter Forschung in Oxford berate ich seit fünf Jahren als freiberuflicher Berater meine Kunden bei der Gestaltung der Kommunikation für ihre Veränderungsprojekte. Meine Kollegen in der change FACTORY haben noch mehr Projekte über einen längeren Zeitraum begleitet. Wir haben uns mit den Verantwortlichen aus Personal-, Strategie- und Kommunikationsabteilungen ausgetauscht. Und wir haben uns mit zahlreichen Theorien aus der Psychologie und Soziologie sowie den Erkenntnissen der Neurobiologie auseinander gesetzt.

Wir empfehlen, **zuerst Kapitel 2 und Kapitel 3** zu lesen. Kapitel 2 erläutert das theoretische Fundament und Kapitel 3 zeigt die Ziele der Veränderungskommunikation auf. Die weitere Reihenfolge ist im Prinzip egal. Als zentrales Kapitel beschreibt Kapitel 5 ein strukturiertes Vorgehen für die Erstellung Ihres Kommunikationskonzepts. In Kapitel 6 sind 60 Kommunikationsmaßnahmen einheitlich beschrieben, so dass sich statt Lesen eher ein Nachschlagen anbietet.

Ergänzungen und Kommentare sind herzlich willkommen. Ich glaube nicht, nach 10 Jahren Anwendung und Forschung am Ende meiner Entdeckungsreise zum Thema Veränderungskommunikation zu sein. **Seien Sie kritisch. Geben Sie uns Feedback**. Das finale Urteil über das Buch überlassen wir Ihnen, dem Leser.

Kapitel 2

Theoretisches Fundament

14

Auch ein praxisorientiertes Buch braucht ein sauberes theoretisches Fundament. In diesem Kapitel geht es in gebotener Kürze um:

1. Elemente zur Beschreibung von Kommunikationsmaßnahmen
2. Typische Phasen geplanter Veränderungen
3. Bedeutung von Kommunikation für den Veränderungserfolg
4. Einordnung von Kommunikation in das Change Management

Kommunikation kann als Prozess beschrieben werden, bei dem ein Kommunikator einen bestimmten Effekt beabsichtigt und sich dafür eine bestimmte Nachricht überlegt (siehe Abbildung 2.1). Zur Übermittlung der Nachricht verwendet er bestimmte Symbole (z.B. ein Wort, eine Geste oder ein Projektlogo). Er kodiert also die Nachricht. Zur Übermittlung der Symbole benutzt er ein bestimmtes Medium (z.B. persönlichen Kontakt, Papier oder Kommunikationstechnologien). Dieses Medium setzt er zu einem bestimmten Zeitpunkt und in einem bestimmten Kontext ein (z.B. nach einer bestimmten Entscheidung oder vor einer anderen Kommunikationsmaßnahme).

Abbildung 2.1: Elemente des Kommunikationsprozesses [1]

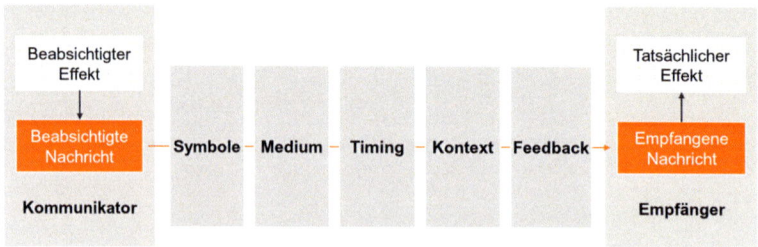

Die Dekodierung der Symbole durch den Empfänger führt zu einer wahrgenommen Nachricht, die von der beabsichtigten Nachricht abweichen kann. Dies führt dann zu einem tatsächlichen Effekt, der wiederum vom beabsichtigten Effekt abweichen kann. Je nach Medium besteht die Möglichkeit zum sofortigen Feedback durch den Empfänger. Im Kontext von

---

[1]   Eigene Darstellung in Anlehnung an Wagner (2006)

Veränderungen ist Kommunikation damit Mittel zum Zweck. Es geht darum, die Mitarbeiter dazu zu bewegen, sich so zu verhalten, wie es für eine erfolgreiche Veränderung notwendig ist.

Diese Elemente des Kommunikationsprozesses (Spalten in Abbildung 2.2) können nun verwendet werden, um verschiedene Kommunikationsmaßnahmen (Zeilen in Abbildung 2.2) zu beschreiben. Die Kunst der Veränderungskommunikation besteht darin, die „richtigen" Kommunikationsziele zu definieren (d.h. die beabsichtigte Reaktion beschreiben) und dann die „richtigen" Kommunikationsmaßnahmen „richtig" umzusetzen, damit die Kommunikationsziele erreicht werden (d.h. die tatsächliche Reaktion der beabsichtigten Reaktion entspricht).

Abbildung 2.2: Elemente zur Beschreibung einer Kommunikationsmaßnahme [2]

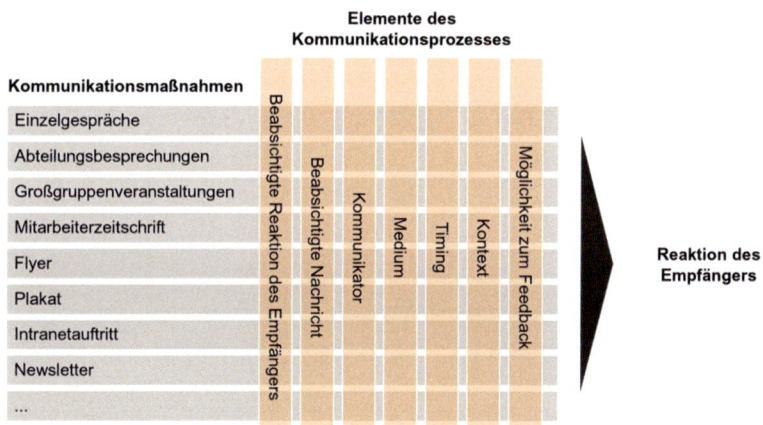

In diesem Buch wird Kommunikation im Kontext von solchen Veränderungen betrachtet, die von einem kleinen Team verantwortet und geplant, und anschließend im gesamten Unternehmen weitestgehend einheitlich umgesetzt werden. Diese sogenannten „top-down Veränderungen" laufen typischerweise in 5 Phasen ab (siehe Abbildung 2.3). Nachdem die Notwendigkeit der Veränderung erkannt wurde, wird ein Projekt gestartet, um das Problem zu analysieren und eine Lösung zu erarbeiten.

---

[2]   Eigene Darstellung in Anlehnung an Wagner (2006)

16

Diese Lösung wird dann umgesetzt und ihre Wirkung (meist leider nicht) evaluiert. Während bei der Diagnose des Problems und bei der Erarbeitung der Lösung häufig nur wenige Personen und zumeist Vertreter der oberen Managementebenen eingebunden sind, wirkt sich die Umsetzung dieser Lösung dagegen auf die Mehrheit der Mitarbeiter des Unternehmens bzw. des betroffenen Bereichs aus. Die Herausforderung besteht damit darin, Menschen von einer neuen Struktur, einem neuen Prozess oder einem neuen System zu überzeugen, an deren Definition sie nicht beteiligt waren. Aus Sicht der betroffenen Mitarbeiter könnte man auch sagen: Veränderungen ersetzen etwas Bekanntes und Gewohntes durch etwas Unbekanntes und Ungewisses, nur weil irgendjemand denkt, dass es besser sei.[3]

Abbildung 2.3: Typische Phasen geplanter Veränderungsprojekte [4]

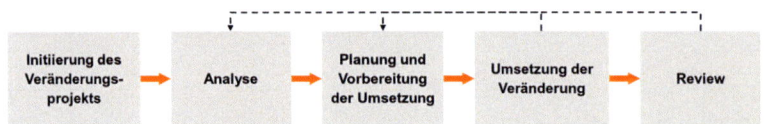

Die bisherigen Ausführungen lassen bereits erahnen, wie wichtig die Rolle der Kommunikation bei geplanten Veränderungen ist. Zahlreiche Studien nennen Kommunikation entweder als einen der häufigsten Gründe für das Scheitern von Veränderungen oder als einen der zentralen Erfolgsfaktoren für das Gelingen der Projekte.[5] Die Kommunikation selbst kann dabei als Prozess verstanden werden, der den Veränderungsprozess von Anfang bis Ende unterstützt. Überspitzt formuliert:

Jeder Veränderungsprozess ist immer nur so gut wie die ihn begleitende Kommunikation.

---

[3] Siehe auch Beckhard und Pritchard (1992)
[4] Eigene Darstellung in Anlehnung an Hayes (2002)
[5] Die Erkenntnis scheint zeitlos zu sein, denn sie ist das direkte oder indirekte Ergebnis von Studien durch McKinsey (1997), Die Akademie (1999), Capgemini (2003, 2008), Prosci (2007), KPMG (2008) und PA Consulting (2009).

Trotz ihrer großen Bedeutung ist Kommunikation natürlich keine Allzweckwaffe für die Lösung aller Probleme in Veränderungsprojekten. Ein Veränderungsprojekt ist vereinfacht dargestellt dann erfolgreich, wenn ...

1. die richtigen Inhalte angegangen werden (z.B. eine neue Struktur, neue Prozesse oder ein neues IT-System)
2. die Erarbeitung dieser Inhalte durch Projektmanagement sauber gesteuert wird (z.B. Planung und Steuerung von Zeit, Kosten und Qualität)
3. die „weichen Faktoren" durch Change Management adäquat gehandhabt werden (z.B. Verhalten, Einstellungen, Fähigkeiten und Gruppendynamik)

Abbildung 2.4: Einordnung der Kommunikation in das Change Management [6]

Kommunikation als Teil des Change Managements ist dabei ein wesentlicher Baustein im Umgang mit den weichen Faktoren (siehe Abbildung 2.4). Dieses Verständnis von Kommunikation und ihrer Bedeutung im Kontext von geplanten Veränderungen liegt den weiteren Ausführungen in diesem Buch zugrunde.

---

[6]   Eigene Darstellung der change FACTORY GmbH München

Kapitel 3

Ziele der Veränderungskommunikation

Das übergeordnete Ziel der Veränderungskommunikation ist leicht beschrieben: **Kommunikation soll Nutzen stiften und einen Beitrag zum Erfolg des Veränderungsprojekts leisten.**

Wie aber schafft Kommunikation Nutzen? Um diese Frage beantworten zu können, **müssen wir aus dem übergeordneten Ziel der Change Kommunikation konkrete Ziele ableiten.** In vielen Projekten wird dieser Schritt leider übersprungen und es werden „irgendwelche" Maßnahmen umgesetzt. Der Vorteil: Sie können bei der Zielerreichung nicht scheitern. Der Nachteil: Sie können Ihre Kommunikation nicht steuern.

Schauen wir uns also einige konkrete Kommunikationsziele an:

- den Betroffenen Orientierung geben
- Sicherheit in Zeiten der Unsicherheit geben
- Dialog zwischen Projektverantwortlichen und betroffenen Mitarbeitern ermöglichen
- den Nutzen der Veränderung verdeutlichen
- Verständnis für die Veränderung wecken
- Mitarbeiter von der angestrebten Veränderung überzeugen
- Aufzeigen, wohin die Reise geht
- Transparenz über Projektergebnisse und -fortschritte schaffen
- den Projektverantwortlichen Feedback und Anregungen geben
- die Veränderung unterstützen
- Meinung bilden
- Ängste und Befürchtungen abbauen
- Aufmerksamkeit für das Projekt erzeugen
- Interesse für das Projekt wecken
- Wissen über die Projektinhalte und die Zielsetzungen vermitteln
- die Problemlösungsfähigkeit der Betroffenen einbeziehen
- die Projektbeteiligten während des Projektes motivieren
- nachhaltige Veränderungen in den Köpfen der Menschen bewirken
- Kontrollieren
- ...

Diese Kommunikationsziele sind der Anfang einer Liste, die ich im Rahmen meiner Forschung erstellt habe und die sich ziemlich lange fortsetzen ließe. Schon anhand dieser kurzen Liste erkennen Sie jedoch, **dass für die Ableitung von konkreten Kommunikationszielen ein strukturierter Ansatz notwendig ist.**

Wie sieht aber ein strukturierter Ansatz zur Ableitung von Kommunikationszielen aus? Ein erster Ansatzpunkt sind die Schlussfolgerungen des Verhaltensforschers Konrad Lorenz, der Folgendes gesagt haben soll:

> **Gedacht heißt nicht immer gesagt,**
> **gesagt heißt nicht immer richtig gehört,**
> **gehört heißt nicht immer richtig verstanden,**
> **verstanden heißt nicht immer einverstanden,**
> **einverstanden heißt nicht immer angewendet,**
> **angewendet heißt noch lange nicht beibehalten.** [7]

Im übertragenen Sinn behauptet Lorenz:

> **Es ist ein langer und komplizierter Weg vom Kopf der Projektverantwortlichen zum Herz der betroffenen Mitarbeiter.**

Damit ist der Umfang der Herausforderung klar umrissen und die wesentlichen Aspekte sind benannt. Der Beitrag der Kommunikation in diesen Phasen der Verhaltensänderung variiert dabei (siehe Abbildung 3.1). Anfangs soll Kommunikation bestimmte Verhaltensweisen initiieren. Später soll Kommunikation das gezeigte Verhalten korrigieren oder bestätigen.

---

[7]   Dieser Ausspruch wird dem Verhaltensforscher Konrad Lorenz (1903-1989) zugeschrieben. Eine genaue Quellenangabe liegt uns nicht vor.

22

Abbildung 3.1: Kommunikationsziele entlang der Aspekte der Verhaltensänderung [8]

Abbildung 3.1: Kommunikationsziele entlang der Aspekte der Verhaltensänderung [8]

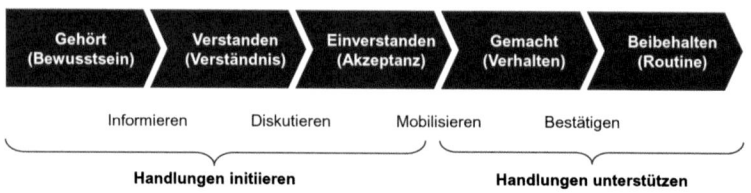

Gefühle und **Emotionen** spielen in Veränderungsprozessen eine wesentliche Rolle. Die bekannten negativen Gefühle sind beispielsweise **Angst, Sorge, Wut, Frustration, Enttäuschung** oder sogar Hass. Beispiele für die ebenso wichtigen positiven Gefühle sind **Freude, Interesse, Zufriedenheit** oder sogar Euphorie. Wichtig ist dabei, dass wir Gefühle grundsätzlich nicht als ungewünscht oder dysfunktional verstehen, sondern als Quelle unserer Energie und treibende Kraft menschlichen Handelns. Aufgabe der Kommunikation ist es, entsprechende Gefühle herbeizuführen bzw. auf die vorhandenen Gefühle der Mitarbeiter einzugehen. Dies sollten Sie bei der Formulierung von konkreten Kommunikationszielen berücksichtigen.

Wahrgenommene Zustände wie **Unsicherheit, Zielkonflikt, Ungerechtigkeit** werden manchmal mit Gefühlen gleichgesetzt. Eine Unterscheidung ist allerdings zwingend erforderlich. Denn diese wahrgenommenen Zustände können zwar eindeutig mit bestimmten Gefühlen in Beziehung gebracht werden, sind aber andererseits kausal für diese Gefühle verantwortlich (siehe Abbildung 3.2). Dieser Kausalzusammenhang ist wichtig, weil beispielsweise durch das präventive Kommunikationsziel „Ungerechtigkeit vermeiden" auch das Ziel „Enttäuschung und Ärger vermeiden" erreicht wird. Für die reaktiven Kommunikationsziele gilt allerdings nicht der Umkehrschluss. Denn Sie müssen beispielsweise sowohl die entstandene Frustration adressieren als auch ihre Ursache beheben (d.h. den tatsächlichen oder wahrgenommenen Zielkonflikt auflösen).

---

[8] Eigene Darstellung

Abbildung 3.2: Wahrgenommene Zustände und zugehörige Gefühle [9]

Dieser wahrgenommene Zustand ...	... führt wahrscheinlich zu diesem Gefühl
Gefahr	Angst
Ungerechtigkeit	Enttäuschung / Ärger
Zielkonflikt / Orientierungslosigkeit	Frustration
Unsicherheit	Sorge

Zu einer sinnvollen Strukturierung der Kommunikationsziele fehlt jetzt nur noch eine integrative Darstellung aller bisher besprochenen Kommunikationsziele. Den Versuch einer solchen Darstellung finden Sie in Abbildung 3.3. Sie sehen es selbst: Wenn wirklich alle besprochenen Details integriert werden, wird die Darstellung unübersichtlich.

---

[9] Eigene Darstellung in Anlehnung an Lundberg CC and Young CA (2001) A note on emotions and consultancy, Journal of Organizational Change Management, Vol.14, No.6, S.530-538

24

Abbildung 3.3: Zusammenhang konkreter Kommunikationsziele [10]

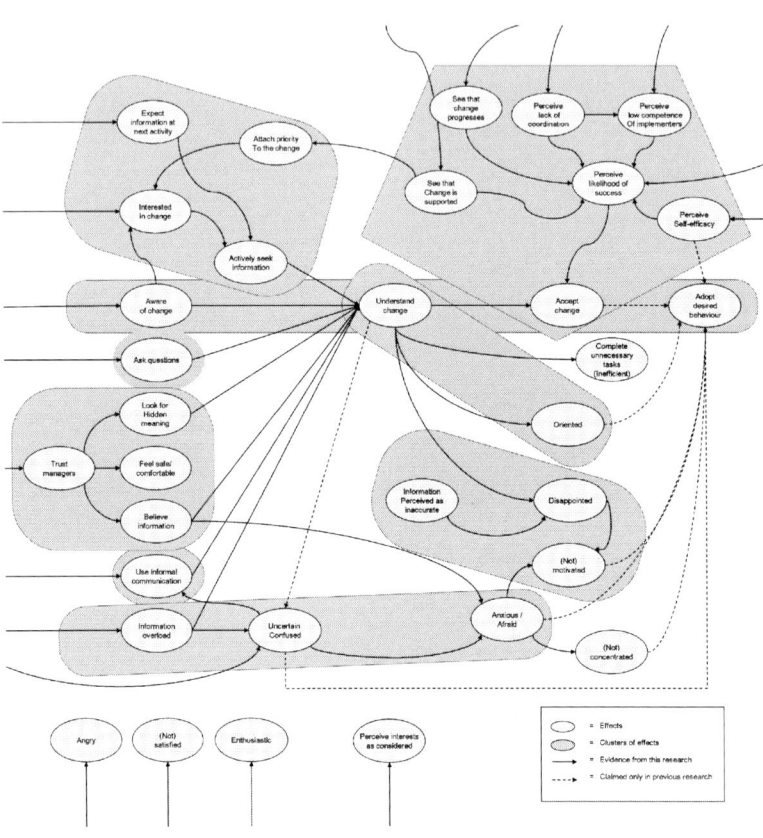

Daher haben wir eine vereinfachte Darstellung zur Orientierung für die Praxis entwickelt. Anstatt konkreter Kommunikationsziele beschreiben wir dabei nur Zielkategorien:

Vier Kategorien von Kommunikationszielen sind die bereits genannten vier Aspekte der Verhaltensänderung: Bewusstsein, Verständnis, Akzeptanz und Verhalten (in der Mitte von Abbildung 3.4). Sie sind in einer Reihe von links nach rechts angeordnet, weil eine nachhaltige Erreichung des einen Ziels die Erreichung des Ziels links davon voraussetzt. Beispiel: Wenn ein Mitarbeiter eine Veränderung auf Basis eines falschen Verständnisses

---

[10]   In Anlehnung an Wagner (2006)

akzeptiert, dann wird er seine Meinung wahrscheinlich ändern, sobald er die Veränderung richtig versteht.

Der Zusammenhang der wahrgenommenen Zustände und Emotionen (oben in Abbildung 3.4) wurden in diesem Kapitel bereits beschrieben. Diese beeinflussen sich wiederum wechselseitig mit allen vier Aspekten der Verhaltensänderung. Beispiel: Das richtige Verständnis einer Veränderung, die vollkommen neue Methoden beinhaltet, führt bei manchen Menschen zu der Angst, die neuen Methoden nicht lernen zu können. Diese Angst wirkt sich voraussichtlich negativ auf die Akzeptanz der neuen Methoden aus.

Zudem spielt auch das Verhalten der betroffenen Mitarbeiter während der Veränderung (unten in Abbildung 3.4) eine zentrale Rolle. Beispiel: Die Mitarbeiter können zur Teilnahme an einer Veranstaltung motiviert werden, was den potentiellen Verständniszuwachs während dieser Veranstaltung erhöht.

Abbildung 3.4: Kategorien von Kommunikationszielen [11]

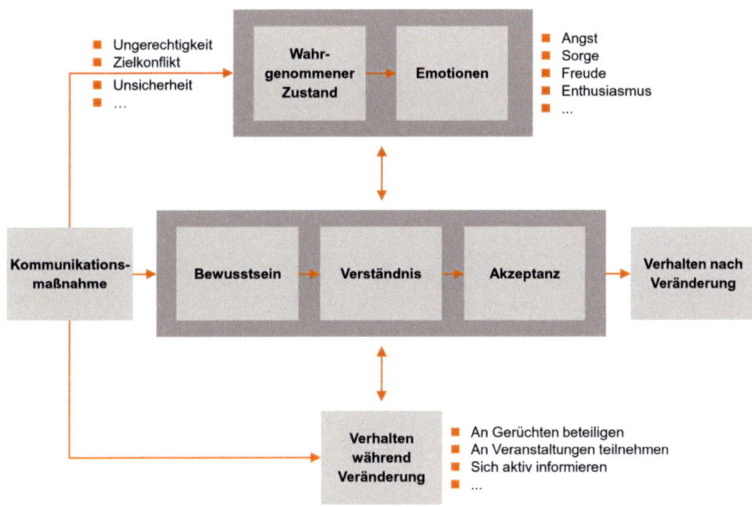

---

[11]   Eigene Darstellung

Kapitel 4

Prinzipien erfolgreicher Veränderungskommunikation

Die Anwendung bestimmter Prinzipien erhöht den Erfolg der Kommunikation. Bei der Kommunikationsplanung können die Prinzipien als Denkanstoß verwendet werden. Nach Abschluss der Planung können sie als Checkliste zur Überprüfung der Robustheit des Kommunikationsplans verwendet werden. Entgegen der gängigen Beschränkung auf sieben Prinzipien stellen wir Ihnen 23 Prinzipien vor. Denn wir möchten weder selektiv bestimmte Prinzipien auswählen noch möchten wir Prinzipien bündeln und nur oberflächlich beschreiben. Warum? Weil Sie für erfolgreiche Veränderungskommunikation die Details zu allen 23 Prinzipien – und noch mehr – wissen müssen.

1. Auf die Situation eingehen
2. Saubere Analyse zu Beginn durchführen
3. Maßgeschneidert für jede Zielgruppe
4. Im Dialog mit den Mitarbeitern
5. Kernbotschaften formulieren
6. Gefühl der Dringlichkeit sicherstellen
7. Erste Erfolge sichtbar machen
8. Kernbotschaften wiederholen
9. Nicht zu viel und nicht zu wenig kommunizieren
10. Frühzeitig informieren
11. Regelmäßig kommunizieren
12. Das obere Management nicht aus der Verantwortung lassen
13. Die weiteren Managementebenen gewinnen / unterstützen
14. Meinungsführer einbinden
15. Ausreichend persönliche Kommunikation
16. Die richtige Maßnahme für das richtige Ziel
17. „Push" und „Pull" einsetzen
18. „Orchestrierung" aller Maßnahmen
19. Konsistenz über Personen und Kanäle
20. Klarheit der Kommunikation
21. Glaubwürdigkeit sicherstellen
22. Inhalt / Wirkung informeller Kommunikation berücksichtigen
23. Regelmäßig den Status erheben

Eine Checkliste für den Einsatz in Ihrem Projekt finden Sie im Anhang.

Prinzip 1: Auf die Situation eingehen

Die eine beste Lösung für Veränderungskommunikation gibt es nicht. Notwendig ist die Ausrichtung der Kommunikations-maßnahmen an situationsspezifischen Gegebenheiten. Die Maßnahmen müssen zum einen an die Inhalte und den Kontext der Veränderung und zum anderen an die Makro- und Mikrophasen des Verlaufs der Veränderung angepasst werden. Wobei das nicht heißt, dass ein systematisches Vorgehen nicht wichtig ist. Wir sollten allerdings eine ungefähre Vorstellung von den Gedanken, Gefühlen und Verhaltensabsichten der beteiligten Menschen haben. Mit anderen Worten: der einzige Ratschlag für Ihre Kommunikation, der voraussichtlich unabhängig von der Situation ist, ist die innere Haltung und der daraus resultierende Versuch, die Situation um Ihr Projekt wirklich verstehen zu wollen und darauf basierend die richtigen Kommunikationsmaßnahmen auszuwählen.

Prinzip 2: Saubere Analyse zu Beginn durchführen

Basis für eine erfolgreiche Veränderungskommunikation – und wir haben noch kein Gegenbeispiel erlebt – ist eine saubere Analyse und Beurteilung der Situation zu Beginn der Veränderung:

- Wie ist die aktuelle Lage?
- Wie hoch ist die „Betriebstemperatur"?
- Was ist im Veränderungsprozess an Ereignissen zu erwarten?
- Ist ein Temperaturanstieg oder ein Temperaturabfall zu erwarten? Warum?
- Gab es Ähnliches in der Vergangenheit?
- Wie könnten die Mitarbeiter reagieren?
- Wie steht es um die Glaubwürdigkeit der 15 obersten Führungskräfte?
- Welche Erfahrung hat das mittlere Management im Umgang mit Veränderungen?
- Ist die unterste Führungsebene auf ihre Rolle vorbereitet?

Zur Datenerhebung bieten sich qualitativen Methoden wie beispielsweise teilstrukturierte Interviews mit ausgewählten Führungskräften und Mitarbeitern auf verschiedenen Ebenen in verschiedenen Funktionen an verschiedenen Standorten an. Versuchen Sie herauszufinden, was in den Herzen und Köpfen der Menschen vor sich geht. Mehr dazu finden Sie in Kapitel 6.

Prinzip 3: Maßgeschneidert für jede Zielgruppe

Kommunikation ist das, was ankommt. Und das was ankommt, hängt sehr stark davon ab, wie diejenigen, die die Informationen erhalten, diese interpretieren. Wissen über die Bedürfnisse der verschiedenen Zielgruppen einer Veränderung ist daher Voraussetzung für erfolgreiche Kommunikation. Das Kommunikationsteam muss spezifische Botschaften und Kommunikationsmethoden für die einzelnen Zielgruppen aus-wählen und gleichzeitig auf Widerspruchsfreiheit zwischen verschiedenen Zielgruppen achten.

Prinzip 4: Im Dialog mit den Mitarbeitern

Bei Veränderungen haben Mitarbeiter verstärkt das Bedürfnis sich zu beteiligen, Fragen zu stellen, Meinungen zu äußern und Empfehlungen für bestimmte Vorgehensweisen abzugeben. Um diesen Ansprüchen gerecht zu werden, geht erfolgreiche Veränderungskommunikation weit über die einfache Übermittlung von Informationen im Sinne von Einwegkommunikation hinaus. Erfolgreiche Veränderungskommunikation schafft vermehrt Dialogsituationen und gestaltet dadurch Beziehungen zwischen Führung und Mitarbeiterschaft. Hilfreich ist, wenn die Kommunikation möglichst hierarchie- und abteilungsübergreifend abläuft. Das Ausmaß der Dialogmöglichkeit hängt dabei von der gewählten Kommunikationsform ab. Sie ist beim Einzelgespräch sehr ausgeprägt, bei gut moderierten Meetings hoch und bei Vorträgen und Präsentationen gegen null tendierend. Dialog heißt dabei nicht, dass die Einflusschancen, Redezeiten und so weiter gleich verteilt sein müssen.

Allerdings ist für jedes Veränderungsprojekt das Ziel der dialog-orientierten Kommunikation zu klären:

- Zum einen kann man ein wechselseitiges Verständnis erzeugen und anders denkende Personen integrieren. Die betroffenen Mitarbeiter treten damit in einen gemeinsamen Prozess der Problemlösung ein, von dem man sich bessere und stabilere Ergebnisse erwartet. Die Frage ist, ob diese Art der dialogorientierten Kommunikation für die Steuerung von Veränderungsprozessen erstens realisierbar und zweitens gewünscht ist.

- Zum anderen kann man mit dialogorientierter Veränderungskommunikation Ausdrucksmöglichkeiten für die Mitarbeiter schaffen und dann auf Basis des erhaltenen Feedbacks die Kommunikationsaktivitäten optimieren. Mit Hilfe des Austausches sollen die Mitarbeiter beeinflusst und die notwendige Verhaltensänderung bei den Zielgruppen erreicht werden.

Insbesondere bei geplanten Veränderungen ist das zweite Ziel der dialogorientierten Kommunikation angebracht.

Prinzip 5: Kernbotschaften formulieren

Kernbotschaften stellen die Informationen dar, die nach Durchführung der Kommunikationsmaßnahmen in jedem Fall im Bewusstsein der Zielgruppen verankert sein müssen, wenn die Ziele der Veränderung erreicht werden sollen. Die Kernbotschaften bilden die Ausgangsbasis für die inhaltliche Ausgestaltung der einzelnen Kommunikationsmaßnahmen.

- Die Mitarbeiter möchten vor allem wissen, inwiefern sie von der Veränderung persönlich betroffen sind und welche positiven oder negativen Konsequenzen die Veränderung für ihren unmittelbaren Arbeitsbereich mit sich bringt. Eine zentrale Botschaft sollte daher stets die Information über die

Auswirkungen der Veränderung auf die betroffenen Mitarbeiter sein. Jeder Mitarbeiter sollte die Frage „Was bedeutet das für mich?" beantworten können. Wenn die konkreten Auswirkungen auf die einzelnen Mitarbeiter in der frühen Phase des Veränderungsprozesses noch nicht absehbar sind, können wir bis dahin nur die Vorgehensweise und Meilensteine kommunizieren, damit die Mitarbeiter erkennen, wann in etwa sie sich ein Bild von der Auswirkung der Veränderung machen können.

- Der **Nutzen der Veränderung** sollte ebenfalls in den Kernbotschaften erkennbar sein. In erster Linie relevant für die Betroffenen ist allerdings nicht der objektiv vorhandene Vorteil für das Unternehmen, sondern der subjektiv wahrgenommene Nutzen im Hinblick auf die eigene Person. Das Ausmaß, mit dem eine Veränderung im Vergleich zur bestehenden Situation persönlich als besser empfunden wird, wird als relativer Vorteil bezeichnet. Die Kunst der Veränderungs-kommunikation besteht daher darin, den Nutzen einer Veränderung so zu kommunizieren, dass der Nutzen für die Mitarbeiter sichtbar wird, zum Beispiel indem die Informationen auf die direkte Arbeitsumgebung der Mitarbeiter ausgerichtet werden. Grundlage hierfür ist die bereits erwähnte zielgruppenspezifische Kommunikation.

- Eine weitere Kernbotschaft sollte die **Ziele der Veränderung und die Vision** dahinter beinhalten. Unter Vision kann dabei zum Beispiel ein konkretes Zukunftsbild verstanden werden, das nahe genug ist, um die Realisierbarkeit noch sehen zu können, aber schon fern genug, um Begeisterung für eine neue Wirklichkeit zu wecken. Um die motivierende Wirkung einer Vision sicherzustellen, muss sie als glaubhaft im Sinne von potentiell erreichbar dargestellt werden.

Prinzip 6: Gefühl der Dringlichkeit sicherstellen

Bevor die Mitarbeiter bereit sind, die Vorteile einer Veränderung zu sehen, wollen sie verstehen, warum der Status quo nicht mehr tragbar ist. Wird dies nicht kommuniziert, drohen Widerstand, explodierende Projektkosten und erhebliche Zeitverzögerung.

Meist haben sich die Projektverantwortlichen lange und intensiv mit der Situation, den Handlungsoptionen und deren Auswirkung beschäftigt. Sie haben sich die Zahlen angeschaut und die Daten analysiert. Sie haben überlegt, ob sie nicht doch alles so lassen können, und realisiert, dass dem nicht so ist. Also muss eine Veränderung her. Und da sie sich schon so lange damit beschäftigt haben, muss die Veränderung sofort her. Sie machen Pläne, treffen Vereinbarungen und geben die Umsetzung in Auftrag. **Was die Verantwortlichen häufig vergessen: Außer ihnen hat sich noch niemand mit der Veränderung beschäftigen können.** Daher sieht auch niemand außer ihnen die Notwendigkeit und auch nicht die Dringlichkeit. Das mittlere Management und die Mitarbeiter brauchen Zeit, um sich mit der Notwendigkeit der Veränderung auseinander zu setzen, und die Möglichkeit, ihre Fragen zu stellen.

Dies gilt insbesondere in der heutigen Zeit, in der eine Veränderung auf die andere folgt, und daher die Notwendigkeit jeder neuen Veränderung kritischer als noch vor einigen Jahren gesehen wird. Die Mitarbeiter fragen sich:

- Warum?
- Warum genau das?
- Warum jetzt?
- Warum bei uns?

Prinzip 7: Erste Erfolge sichtbar machen

Die positive Wirkung der Kommunikation über Ziele und Nutzen der Veränderung ist zeitlich begrenzt. Ab einem bestimmten Stadium der Veränderung wollen die Mitarbeiter „Beweise", dass erste Schritte auf dem Weg zum Ziel gemacht werden. Die Sichtbarkeit dieser Erfolge stellt daher ein entscheidendes Kriterium dar, um die Akzeptanzwahrscheinlichkeit einer Veränderung zu erhöhen. Die Kommunikation erster Erfolge in die Breite demonstriert Ergebnisorientierung und Konsequenz, auch wenn diese Erfolge noch so klein sind.

Je nach Art der Veränderung kann es auch ausreichend sein, positive Resultate oder Zwischenergebnisse zu kommunizieren beziehungsweise Informationen über erste Testergebnisse und die Erreichung von Meilensteinen zu liefern.

Prinzip 8: Kernbotschaften wiederholen

Die Veränderungsbotschaft sollte nicht nur so einfach wie möglich sondern auch so oft wie möglich kommuniziert werden. Durch regelmäßige Wiederholung der Kommunikationsinhalte über den gesamten Veränderungsprozess hinweg geraten die Botschaften nicht in Vergessenheit und werden nachhaltig im Gedächtnis des Empfängers verankert. Die Veränderungsbotschaften überdecken damit auch die Inhalte der „normalen" Unternehmens-kommunikation. Dies ist wichtig, weil der Mensch nur einen Bruchteil der ihn erreichenden Informationsflut aufnehmen kann.

Während einerseits die Veränderungsbotschaft also nur ankommt, wenn das Gleiche immer wieder in unterschiedlichen Medien mit den gleichen Worten kommuniziert wird, dürfen die Wiederholungen andererseits nicht zu stereotyp sein, um „Immunisierungsreaktionen" bei den Mitarbeitern zu vermeiden.

Prinzip 9: Nicht zu viel und nicht zu wenig kommunizieren

Es gibt keine klare Meinung unter den Experten, welche Menge an Informationen sinnvoll ist. Die einen sagen „**Je mehr desto besser**", weil durch Wiederholung und Informationsvielfalt die Kernbotschaften besser verankert werden. Zu wenige Informationen würden zu Unsicherheit und geringerer Motivation führen. Die anderen sagen, dass die Vielfalt an Informationen und Interpretationen die Mitarbeiter überfordert. Nach dem Motto „**Weniger ist mehr**" befürworten sie eine reduzierte Informationsmenge, um Verwirrung und Orientierungslosigkeit zu vermeiden. Zur Orientierung für Ihre eigene Entscheidung stellen wir in Abbildung 4.1 fünf verschiedene Strategien für Veränderungskommunikation vor. Die Strategien unterscheiden sich vor allem durch die Menge an Informationen, die an die Mitarbeiter kommuniziert werden.

Abbildung 4.1: Informationsmenge und Kommunikationseffektivität [12]

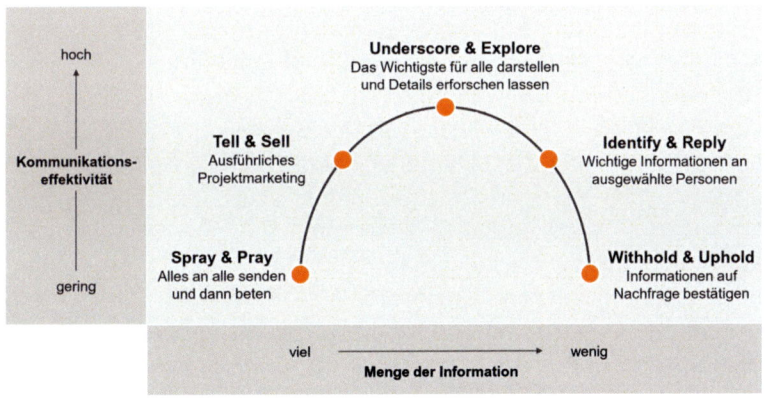

[12] In Anlehnung an Clampitt PG, DeKoch RJ and Cashman T (2000) A strategy for communicating about uncertainty, Academy of Management Executive, Vol.14, No.4, S. 41-57

Die größte Wahrscheinlichkeit auf Erfolg hat die Strategie einer ausgewogenen Informationsmenge. Das Kommunikationsteam konzentriert sich bei der aktiven Kommunikation auf wenige zentrale Botschaften, die einen direkten Bezug zum Erfolg der Veränderung haben. Für diese Botschaften wird Aufmerksamkeit erzeugt und das Verständnis wird durch Wiederholung sichergestellt. Darüber hinaus wird den Mitarbeitern die Möglichkeit gegeben, sich auf strukturierte Art und Weise selber über die Details und Auswirkungen dieser Botschaften zu informieren. Geeignet sind beispielsweise Intranet und Broschüren zum Nachlesen und Plattformen für den Dialog, um Fragen stellen zu können.

Prinzip 10: Frühzeitig informieren

Zeitnahe Kommunikation verhindert negative Gerüchte über die Ziele und Auswirkung der Veränderung. Dies gilt sowohl für die Erstinformation über die Veränderung als auch für Entscheidungen und Ereignisse im Verlauf der Veränderung. Nachdem die Mitarbeiter das erste Mal via Flurfunk von einer bevorstehenden Veränderung gehört haben, werden sie voraussichtlich nicht 5 Minuten später wieder normal ihrer Arbeit nachgehen. Wenn die Mitarbeiter keine offiziellen Informationen erhalten oder wenn nicht mindestens eine Veranstaltung zur Veränderung angekündigt wird, dann machen sich die Mitarbeiter auf informellen Wegen auf die Suche nach relevanten Informationen, um ihre Unsicherheit zu reduzieren und um ein Gefühl von Orientierung und Kontrolle zurück zu erlangen. Kurze Beispielrechnung:

5.000 Mitarbeiter begeben sich eine halbe Stunde lang auf die Suche nach informellen Informationen anstatt zu arbeiten. Das macht 2.500 Arbeitsstunden. Das macht 1,5 Arbeitsjahre bzw. 50.000 Euro (bei einem durch-schnittlichen Bruttojahresgehalt von 35.000 Euro plus 40% Aufschlag Arbeitgeberkosten).

Da können Sie nur hoffen, dass die Mitarbeiter am nächsten Tag nicht wieder eine halbe Stunde nach informellen Informationen suchen.

Hinzu kommt, dass die betroffenen Mitarbeiter ihre eigenen Nachrichten in das (kommunikative) Verhalten der Verantwortlichen hinein interpretieren und dies zu einer negativeren Wahrnehmung der Veränderung führt, als dies bei vielen Veränderungen eigentlich der Fall sein müsste.

Selbstverständlich besteht manchmal der Bedarf, Informationen geheim zu halten. Dies ist beispielsweise bei Firmenübernahmen der Fall, um den Preis nicht unnötig in die Höhe zu treiben und um bestehende Gesetze zu beachten. Manchmal liegen die Informationen den Verantwortlichen für die Veränderung auch selber noch nicht vor bzw. es wird noch daran gearbeitet, eine besser verständliche und zusammenhängende Botschaft zu formulieren. Fast immer aber ist eine frühzeitige Information verbunden mit einem Verweis auf Folgeinformationen die bessere Lösung.

Prinzip 11: Regelmäßig kommunizieren

Menschen können nur einen geringen Anteil der Reize, die auf sie *einprasseln*, aufnehmen und verarbeiten. Daher bedarf es regelmäßiger Kommunikation über die Veränderung. Insbesondere bei strategischen unternehmensweiten Veränderungen muss die Veränderungskommunikation die Linienkommunikation überlagern.

Bei regelmäßiger Kommunikation neigen die Mitarbeiter dazu, kommunikative Pannen bei einzelnen Maßnahmen eher zu verzeihen. Zudem können falsche Interpretationen einer Botschaft zeitnah durch die nächste Kommunikationsmaßnahme korrigiert werden. Beides zusammen führt dazu, dass die Mitarbeiter voraussichtlich emotional und gedanklich weniger abgelenkt sind und sich daher trotz laufender Veränderung besser auf die Erledigung ihrer normalen Aufgaben konzentrieren können. Fazit: Manchmal ist ein kontinuierliches Hintergrundrauschen genauso wichtig wie die Inhalte der Kommunikation.

Prinzip 12: Das obere Management nicht aus der Verantwortung lassen

Erfolgreiche Veränderungskommunikation geht vom oberen Management aus. Die Kernbotschaften müssen zuerst und in erster Linie von den Führungskräften des oberen Managements kommuniziert werden, damit sie deren Sprache, Ideen und Werte widerspiegeln. Egal, mit welchem Kommunikationsmittel die Botschaften übertragen werden: Die Art und Weise der Übermittlung der Botschaft muss erkennen lassen, dass das Top-Management aktiv und persönlich in den Prozess involviert ist und voll hinter der Veränderung steht. Bei unternehmensweiten Veränderungen sollten die Kernbotschaften bei allen kommunikativen Auftritten des Top Managements platziert werden – egal ob Reden, Videos oder E-Mails. Die Beziehung zwischen den strategischen Zielen des Unternehmens und der geplanten Veränderung muss dabei transparent sein.

Doch nicht nur die Kommunikation muss das Verständnis des Managements zeigen. Manager sollten sich auch so verhalten, wie sie es von ihren Mitarbeitern erwarten. Sie setzen den Takt für einen offenen oder gesperrten Kommunikationsfluss. Wenn die Mitarbeiter das Gefühl haben, dass das obere Management geheime Ziele verfolgt oder Informationen vorenthält, werden sie selber auch nicht sagen, was sie wirklich über die Veränderung denken. Aufgabe der Verantwortlichen für die Kommunikation ist daher bei Bedarf die Beratung oder konkrete Unterstützung der Verantwortlichen für die Veränderung in Bezug auf adäquates Kommunikationsverhalten: Auftreten, Inhalte, Tipps und Fallstricke.

Prinzip 13: Die weiteren Managementebenen gewinnen und unterstützen

Bei jeder Veränderung besteht die Gefahr, dass das mittlere Management zur *Lähmschicht* wird. Weder Informationen von oben über die Veränderung noch Informationen von unten über die Wahrnehmung der Veränderung werden dann weitergegeben. Um diese Gefahr zu minimieren, sollten in jedem Fall direkte Kommunikationsmöglichkeiten zwischen den Verantwortlichen für die Veränderung und den betroffenen Mitarbeitern geschaffen werden. Darüber hinaus muss aber insbesondere bei Veränderungen, die kulturelle und Verhaltensaspekte beinhalten, zwingend das mittlere Management für die Veränderung gewonnen werden.

Ich persönlich formuliere gerne klare und anspruchsvolle Erwartungen an die mittlere Managementebene und nehme diese als Aufhänger für eine Diskussion über die Rolle der Manager während und nach der Veränderung. Die Leiter von Bereichen, Abteilungen oder Standorten müssen persönlich die Auswirkung und Umsetzung der Veränderung in ihrem Verantwortungsbereich erklären. Niemand ist kompetenter und glaubwürdiger. Allerdings braucht auch niemand mehr Unterstützung bei der Kommunikation. Die Bedeutung der Kommunikationsfähigkeit wird dabei in verschiedenen Studien belegt (siehe auch Abbildung 5.2).

Den Vorgesetzten müssen alle Informationen über den Veränderungsprozess zur Verfügung stehen. Dies funktioniert nicht mit Broschüren oder Emails sondern durch Einbindung in die Planung oder durch persönlichen Dialog mit den Verantwortlichen für die Veränderung. Im nächsten Schritt müssen die Führungskräfte verstehen, wie sich die Veränderung auf ihren Verantwortungsbereich auswirkt. Ansonsten stehen sie bei der ersten Frage eines Mitarbeiters unwissend da und verlieren ihre Reputation und/oder Glaubwürdigkeit. Darüber hinaus müssen eventuell die Kommunikationsfähigkeiten trainiert werden, um im Kontext von Veränderung und Unsicherheit widerspruchsfrei und richtig zu kommunizieren:

- Wie gehe ich mit Einwänden um?
- Wie beantworte ich kritische Fragen?
- Was mache ich, wenn ich eine Frage nicht beantworten kann?
- Wie baue ich Vertrauen in den Nutzen der Veränderung auf?

Für all diese Fragen gibt es Tipps, die das Leben der Führungskräfte erheblich erleichtern.

Prinzip 14: Meinungsführer einbinden

In Veränderungsprozessen orientieren sich die Mitarbeiter an Aussagen und Verhalten von Meinungsführern. Typische Meinungsführer sind zum Beispiel:

- Führungskräfte
- Langjährige Mitarbeiter
- Erfolgreiche Mitarbeiter, die das Wohlwollen des Chefs genießen
- Betriebsrat

Das aktive Einbeziehen von Meinungsführern in Kommunikationsaktivitäten kann die Glaubwürdigkeit der Maßnahme und damit die Wahrscheinlichkeit ihrer Akzeptanz erhöhen. Insbesondere nach der Erstinformation über die Veränderung, wenn also die betroffenen Mitarbeiter die wesentlichen Informationen erhalten haben, verlieren die Massenmedien an Bedeutung und die Mitarbeiter wenden sich an die Meinungsführer, um die notwendigen Informationen zur Bewertung der Veränderung zu erhalten. Auf Basis dieser Informationen entscheiden sie, ob sie die Veränderung ablehnen oder unterstützen. Eine positive Einstellung der Meinungsführer zur Veränderung und ihre Bereitschaft zur aktiven Mitarbeit reichen allerdings nicht aus. Denn die Glaubwürdigkeit des Meinungsführers zeichnet sich unter anderem dadurch aus, dass die Einflussnahme weder offensichtlich zweckgerichtet noch kommerziell motiviert ist.

Je nach Projekt und Situation können Meinungsführer so in den Kommunikationsprozess eingebunden werden, dass sie eine positive Einstellung zur Veränderung entwickeln. Zwei Beispiele:

- Meinungsführer können bei der Durchführung von Pilotprojekten eingesetzt oder im Sinne von Key Usern in Test- und Trainingsaktivitäten eingebunden werden.

- Kritische Meinungsführer können in formellen oder informellen Sounding Boards in die Projektarbeit eingebunden werden, so dass sie ihre Meinung offen legen müssen.

Prinzip 15: Ausreichend persönliche Kommunikation

Mitarbeiter haben ein Recht auf persönliche Kommunikation, wenn man von ihnen ungefragt Veränderungen in Verhalten, Fähigkeiten oder Einstellungen verlangt. Wir verbringen mehr als die Hälfte unserer wachen Zeit bei der Arbeit und dies ist mit Respekt zu behandeln. Dies ist die moralische Perspektive.

Vor allem aber ist persönliche Kommunikation effektiver. Erstens entfallen die Informationsverluste, die beim Einsatz technischer Medien unvermeidlich sind. Zweitens ist persönliche Kommunikation durch die Vielfalt der möglichen verbalen und nonverbalen Signale besser als Massenkommunikation geeignet, die Gedanken, Gefühle, Einstellungen und vor allem das Verhalten von Mitarbeitern zu beeinflussen. Wenn die Mitarbeiter nicht offiziell persönlich über die Veränderung in Kenntnis gesetzt werden, nutzen sie häufig Gerüchte als alternative persönliche Informationsquelle.

Prinzip 16: Das richtige Medium für das richtige Ziel einsetzen

Es gibt kein an sich schlechtes Kommunikationsmedium. Alle persönlichen, gedruckten, elektronischen oder sonstigen Medien schaffen in bestimmten Situationen einen konkreten Nutzen. Es gibt aber schlechte Planung. Dann wird das richtige Medium zum falschen Zeitpunkt für die falsche Zielgruppe oder mit dem falschen Inhalt eingesetzt. Effizienz und Effektivität sind aber gering, wenn Botschaften transportiert werden, die nicht zum gewählten Instrument passen oder durch das Instrument selbst unglaubwürdig erscheinen. Einige Beispiele:

- Email-Newsletter sind gut geeignet für **schnelle Informationen** über aktuelle Ereignisse oder besonders wichtige Einzelaspekte einer Veränderung.
- Im Intranet kann jeder über die Dinge lesen, die **am meisten interessieren**. Und zwar dann, wann er es will.
- Auf Postern können die Kernaussagen für alle sichtbar wiederholt und **visualisiert** werden.
- Videokonferenzen sind für die **schnelle Beantwortung von operativen Fragen** sinnvoll.
- Zur **Beantwortung von strategischen Fragen** empfehlen wir stattdessen eine persönliche Besprechung. Denn es geht um Dialog und Austausch über den Kern der Veränderung.

Prinzip 17: „Push" und „Pull" einsetzen

Als Kommunikationsverantwortliche können wir entweder den Mitarbeitern ungefragt Informationen zukommen lassen (Push-Prinzip) oder wir können ihnen die Möglichkeit geben, sich selber Informationen zu besorgen (Pull-Prinzip). Wir empfehlen beides.

Beim sinnvoll eingesetzten **Push-Prinzip** werden die wesentlichen Inhalte in wenigen zentralen Kommunikations-maßnahmen vermittelt. Anbieten tun sich dafür zum Beispiel ein Kickoff-Event in der Zentrale, dezentrale Veranstaltungen vor Ort zur Vertiefung und ein monatlicher Newsletter zur laufenden Aktualisierung.

Als Ergänzung im Sinne des **Pull-Prinzips** bieten Medien wie beispielsweise das Intranet den Mitarbeitern die Möglichkeit, sich zu ausgewählten Themen detaillierter zu informieren. Voraussetzung für ein funktionierendes Pull-Prinzip sind dabei Bekanntheit, Funktionalität und Akzeptanz der eingesetzten Medien. Wenn zum Beispiel niemand weiß, dass eine öffentliche Projektdokumentation existiert, wird sie auch niemand nutzen.

Prinzip 18: Die Maßnahmen übergreifend orchestrieren

Der Erfolg eines Orchesters hängt neben den Musikern auch vom Dirigenten ab. Ebenso hängt der Erfolg der Veränderungskommunikation von der Orchestrierung der Maßnahmen ab. Denn es steht nicht der einzelne Kommunikationsvorgang im Fokus sondern Ablauf und Vernetzung aller Kommunikationsvorgänge. Da der eigentliche Austausch zwischen Mitarbeitern und direktem Vorgesetzten stattfindet, sollten Sie als Kommunikationsverantwortliche gemeinsam mit den Projektverantwortlichen zwei Dinge tun:

1. **Wenige zentrale Kommunikationsmaßnahmen gestalten** (Kickoff-Event, Webseite und regelmäßigen Newsletter, ...)

2. **Rahmen für die dezentrale Kommunikation vorgeben** (Bereitstellung von Präsentationen für Managementkaskade, FAQ zum Projekt, Tipps für den Umgang mit kritischen Fragen der Mitarbeiter, ...)

Für eine erfolgreiche Orchestrierung der Kommunikation ist es notwendig, wichtige Kommunikationsentscheidungen gemeinsam mit allen betroffenen Abteilungen zu treffen. Danach sollte die Kommunikation nach den Regeln des Projektmanagements aufgebaut werden. Es werden also Projektmanager ernannt, Aktionen festgelegt, Endpunkte definiert und Verantwortungen zugeteilt. Und die Entscheidungen sollten verbindlich festgehalten werden.

Die Bedeutung der Orchestrierung gilt insbesondere bei unternehmensweiten Veränderungen mit dezentralen Kommunikationsmaßnahmen. Denn Standortleiter neigen dazu, das zu tun, was sie für richtig halten, und nicht das, was jemand in der Zentrale für richtig hält. Die Mitarbeiter an diesen Standorten brauchen aber beides – zentrale und lokale Informationen – um trotz Veränderung motiviert zu bleiben und orientiert zu handeln.

Prinzip 19: Konsistenz über Personen und Kanäle

Trotz der Vielfalt der Kommunikationsmaßnahmen und daran beteiligten Personen dürfen **keine widersprüchlichen Informationen auf unterschiedlichen Kanälen oder von verschiedenen Personen** gesendet werden. Insbesondere Dissonanzen zwischen den Aussagen verschiedener oberer Führungskräfte lassen das Gerücht entstehen, dass die Veränderung gar nicht von allen oberen Führungskräften gewollt ist und dass eine erfolgreiche Veränderung dementsprechend ohnehin unwahrscheinlich ist.

Zudem sollten die Botschaften auch im Zeitverlauf konsistent sein, um den positiven Effekt einer Wiederholung sicherzustellen und um die Mitarbeiter nicht zu verwirren. Dabei müssen die Führungskräfte den **Worten auch Taten folgen lassen**. Denn Diskrepanzen zwischen dem, was sie erzählen, und dem, was sie tatsächlich tun, haben langfristig eine negative Auswirkung auf die Glaubwürdigkeit der Kommunikation. Um einen einsichtigen Projektleiter zu zitieren:

„Häufig scheitert die Kommunikation bei uns doch daran, dass die Mitarbeiter unseren Führungskräften nicht glauben, weil die sich in der Vergangenheit auch nicht an das gehalten haben, was sie gesagt haben."

Prinzip 20: Verständlichkeit durch Klarheit erzeugen

Erfolgreiche Veränderungskommunikation achtet auf die Klarheit und Verständlichkeit der Kommunikationsinhalte. **Nur wenn die Interpretationsmöglichkeiten des Empfängers eingeschränkt werden, können Unsicherheiten reduziert werden.** Was in normalen Gesprächen nicht verstanden wird und daher wirkungslos bleibt, wirkt unter emotionalem Stress negativ. Aussagen, die man nicht versteht, vergrößern die Unsicherheit und machen Angst. Je komplexer eine Veränderung wahrgenommen wird, desto mehr verringert sich die Akzeptanzwahrscheinlichkeit. Unter Komplexität ist zu verstehen, inwiefern betroffene Mitarbeiter die Veränderung als schwer umsetzbar und verständlich wahrnehmen.

Ansätze zur Erhöhung von Klarheit sind ...

- Einfache Sprache
- Nachvollziehbare Formulierungen
- Eliminierung von Mehrdeutigkeiten
- Vermeidung von Diskrepanzen in den Aussagen verschiedener Personen
- Sprache der Mitarbeiter und nicht Sprache des Managements verwenden
- Vereinfachende Visualisierung von Abläufen und Strukturen
- Transformation der Botschaften in die Vorstellungswelt der Betroffenen
- Verdeutlichung der Inhalte an konkreten Situationen
- Vorsicht im Umgang mit Vergleichen wie „Peanuts" oder Reizwörtern wie „Personalopfer"

Komplizierte Sachverhalte in verständliche Aussagen zu übersetzen und auf Klarheit zu achten bedeutet allerdings nicht, Risiken einer Veränderung zu verharmlosen oder Tatsachen zu verschweigen. Trotz verständlicher und einfacher Darstellung sollte objektiv über den Wandel berichtet werden. Wer zu sparsam mit den Tatsachen umgeht, wird voraussichtlich entlarvt werden und dann für den Täuschungsversuch bezahlen müssen.

Prinzip 21: Glaubwürdigkeit sicherstellen

Die Glaubwürdigkeit der Botschaft ist eine notwendige Voraussetzung für die Erzielung der gewünschten Wirkung. Allerdings gibt es zahlreiche Möglichkeiten, warum die Glaubwürdigkeit gering ist:

- Die Mitarbeiter glauben den Inhalt nicht
- Die Mitarbeiter vertrauen dem Sender nicht
- Die Mitarbeiter finden den Zeitpunkt verdächtig
- Die Mitarbeiter misstrauen der Kommunikationsmaßnahme

In der heutigen Zeit, in der die aktuelle Veränderung meist die x-te ist, neigen die Mitarbeiter aufgrund ihrer Erfahrungen in der Vergangenheit dazu, eine geheime Botschaft in beinahe jede Kommunikation hinein zu interpretieren. Die Mitarbeiter fragen sich, warum das Management ausgerechnet dieses Mal die Wahrheit sagen sollte, und denken wahrscheinlich:

„Da muss doch noch was anderes dahinter stecken."

Ein einfacher Weg, um herauszufinden, wie Glaubwürdigkeit hergestellt werden kann, ist sich selber ehrlich und kritisch zu fragen:

„Wie würde ich mich mit der Kommunikation fühlen?"

Hebel zur Steigerung der Glaubwürdigkeit lassen sich für alle Komponenten des Kommunikationsprozesses definieren: ein glaubwürdiger Sender, glaubwürdige Inhalte, ein glaubwürdiges Medium und so weiter. Ein übergreifender Ansatz ist die Berücksichtigung des Prinzips der Klarheit in der Kommunikation. Denn Menschen neigen dazu, Dinge nicht zu glauben, die sie nicht verstehen. Konzentration auf drei bis vier Kernthemen erhöht daher nicht nur die Verständlichkeit sondern auch die Glaubwürdigkeit. Die restlichen Informationen sollten Sie einfach weglassen.

Prinzip 22: Inhalt und Wirkung informeller Kommunikation berücksichtigen

Organisationen haben ein formelles und ein informelles Kommunikationssystem:

- Formelle Kommunikation bezieht sich dabei auf den Informationsfluss durch die offiziellen Kanäle: persönliches Gespräch des Vorgesetzten mit dem Mitarbeiter, Arbeitsgruppen, Veranstaltungen, Gremien und Managementinformationssysteme.

- Informelle Kommunikation bezieht sich in Abgrenzung hierzu auf den Informationsfluss durch die nicht offiziellen Kanäle: Flurfunk oder Gerüchteküche. Dabei kann man es so formulieren: **Ein Gerücht ist eine unverifizierte Aussage** über ein Thema von aktuellem Interesse für die betroffenen Mitarbeiter.

Informelle Kommunikation ist ein **Risiko im Veränderungsprozess.** Zwei Beispiele aus der internationalen Forschung: Betroffene Mitarbeiter einer Restrukturierung gaben an, dass der Flurfunk mindestens so effektiv wie die Teambesprechungen war.[13] In einer anderen Studie war der meist zitierte Grund für den Misserfolg der Veränderung die Präsenz von falschen negativen Gerüchten.[14]

Informelle Kommunikation ist eine natürliche Begleiterscheinung der Interaktion von Menschen und daher gibt es sie auch dann, wenn die offiziellen Kanäle die gewünschten Informationen liefern. Insbesondere in Zeiten eines wahrgenommenen Informationsdefizits – und dies ist bei Veränderungen fast immer der Fall – bietet informelle Kommunikation einen **klaren Mehrwert für die Mitarbeiter:**

---

[13] Details siehe Glover (2001)
[14] Details siehe Richardson und Denton (1996)

- Informelle Kommunikation füllt das Vakuum, das entsteht, wenn formelle Kommunikation die entstandene Unsicherheit und Angst nicht reduzieren kann.

- Informelle Kommunikation gibt – zumindest gefühlte – Sicherheit und Kontrolle darüber, warum die Veränderung stattfindet und wie sie sich auswirken wird.

Als Ersatz für die formelle Kommunikation kommt informelle Kommunikation jedoch nicht in Frage, denn sie hat zahlreiche Nachteile aus Sicht der Verantwortlichen für die Kommunikation:

- Es werden nicht alle Mitarbeiter im Unternehmen erreicht.
- Der Informationsfluss ist ungleich.
- Der Informationsfluss ist unsicher.
- Die Mitarbeiter können sich nie sicher sein, ob die Informationen richtig sind.
- Wenn zu viele negative Gerüchte enthalten sind, reduzieren informelle Informationen die entstandene Unsicherheit und Angst nicht, sondern verstärken sie noch.

Während der Fokus in den meisten Veränderungsprojekten auf der formellen Kommunikation liegt, muss die informelle Kommunikation dennoch berücksichtigt werden. Wir empfehlen daher:

1. Betrachten Sie informelle Kommunikation als Kontextfaktor, der einerseits die Informationsaufnahme aus den offiziellen Kanälen beeinflusst und andererseits in Intensität und Inhalt von der offiziellen Kommunikation beeinflusst wird.
2. Halten Sie die Ohren offen und finden Sie über Ihr informelles Netzwerk heraus, was auf dem Flurfunk gesendet wird.
3. Setzen Sie als Ergänzung zur formellen Kommunikation ruhig mal eine informelle Botschaft ab und hoffen Sie, dass die Informationen ihren Weg durch die Flure finden.

Prinzip 23: Regelmäßig den Status erheben

Regelmäßiges Monitoring (oder Evaluation oder Kontrolle oder Review) des Status und der Wirkung der Kommunikation ist notwendige Voraussetzung erfolgreicher Veränderungs-kommunikation.

Nach Umsetzung des Kommunikationskonzeptes wird geprüft, ob die Zielsetzungen durch die realisierten Kommunikations-aktivitäten erreicht wurden. Die Beurteilung der Maßnahmen erfolgt rückwirkend, so dass wichtige Erkenntnisse für zukünftige Projekte gesammelt werden können. Falls Misserfolg konstatiert wird, ist es für das laufende Projekt allerdings zu spät.

Während der Umsetzung des Kommunikationskonzepts sollte daher laufend der Grad der Zielerreichung und die tatsächliche Umsetzung der geplanten Maßnahmen überprüft werden. Dies gibt Aufschluss über eine gegebenenfalls notwendige Umsteuerung. Maßnahmen, Abläufe und Ziele können laufend präzisiert und korrigiert werden. Dadurch wird die Effizienz und Effektivität der Kommunikation verbessert. Mit anderen Worten: Das regelmäßige Monitoring bildet die Basis für die Realisierung des Prinzips der situativen bzw. evidenzbasierten Kommunikation. Permanente und gezielte Nutzung von Feedbackinstrumenten ist unerlässlich, weil nur mit ihrer Hilfe sichergestellt werden kann, dass die Absicht und real Erreichtes in einem aufeinander aufbauenden Prozess zur Übereinstimmung gebracht werden können.

In der Praxis wird aus Kostengründen das Monitoring gerne aus dem vorgeschlagenen Maßnahmenkatalog gestrichen. Unsere Empfehlung: Tun Sie dies nicht und führen Sie ein Monitoring durch. Sie verbessern nicht nur die Wirkung der Folgemaßnahmen sondern erhöhen auch die Akzeptanz der Change- und Kommunikationsmaßnahmen bei den Projektverantwortlichen.

Kapitel 5

Vorgehen bei der Erstellung des Kommunikationskonzepts

Das Ziel eines strukturierten Vorgehens bei der Erstellung des Kommunikationskonzepts ist eine **Effizienzsteigerung** bei der Planung und eine **Effektivitätssteigerung** beim Ergebnis. Abbildung 5.1 stellt ein erprobtes Vorgehen aus unseren eigenen Projekten dar.

Abbildung 5.1: Schritte bei der Erstellung des Kommunikationskonzepts [15]

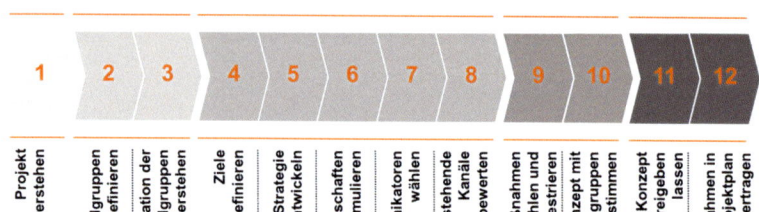

1. Schritt: Projekt verstehen

Ein großer Fehler, den ein Kommunikationsverantwortlicher zu Beginn seiner Aufgabe machen kann, ist die Aufnahme der Arbeit ohne fundiertes Verständnis des Projekts und ohne Auftrag. Mögliche Fragen sind:

- Worum geht es in dem Projekt?
- Was ist das Ziel? Was soll verändert werden?
- Wie passt das Projekt in die Unternehmensstrategie?
- Welche Schnittstellen gibt es zu anderen Projekten?
- Warum ist das Projekt notwendig?
- Wie ist der Zeitplan? Was sind die wesentlichen Meilensteine?
- Wer ist am Projekt beteiligt?
- Welche Aktivitäten in der Vergangenheit sind relevant?
- Was genau ist der Auftrag an das Kommunikationsteam?

In diesem Schritt sollten Sie als Kommunikationsverantwortlicher gegenüber der Projektleitung darauf bestehen, die relevanten Informationen zu erhalten.

---

[15] eigene Darstellung

2. Schritt: Zielgruppen definieren

Erfahrungsgemäß reicht an dieser Stelle ein grobes Wissen über die verschiedenen Zielgruppen aus. Zu beantworten sind beispielsweise folgende Fragen:

- Wer ist intern und extern vom Projekt betroffen?
- Welche Prozesse, Funktionen oder Rollen sind vom Projekt betroffen?
- Wer hat darüber hinaus ein Interesse an dem Projekt? Wen will ich mit der Kommunikation über das Projekt erreichen?
- Welche Hierarchiestufe spreche ich an, um die notwendige Unterstützung für das Projekt zu erreichen?
- Wie kann ich die Zielgruppen „schneiden"? Wie kann man die Personengruppen kurz beschreiben?
- Welche Gemeinsamkeiten/Unterschiede gibt es zwischen den Personengruppen?

Diese Fragen implizieren bereits, dass die Frage der Zielgruppendefinition aus verschiedenen Sichten betrachtet werden kann (Abbildung 5.2):

1. **Prozess bzw. Struktursicht**: Diese Sicht verschafft Klarheit darüber, welche Abteilungen oder Funktionen eine Rolle in dem veränderten Prozess spielen. Je nachdem, wie sich die jeweilige Rolle durch den neuen Prozess verändert, ist auch der Grad und die Art der Betroffenheit unterschiedlich.

2. **Hierarchiesicht**: Sind ganze Bereiche eines Unternehmens betroffen, stellt sich die Frage nach den Unterschieden bei der Auswirkung der Veränderung auf verschiedene Ebenen.

3. **Projektsicht**: Eine weitere Sichtweise ist der Grad der Betroffenheit von den Veränderungen, die das Projekt anstrebt. Auf Basis der Erkenntnisse aus der 1. und 2. Sicht können Sie zwischen direkt und indirekt Betroffenen unterscheiden.

54

Abbildung 5.2: Verschiedene Sichten auf die Zielgruppen einer Veränderung [16]

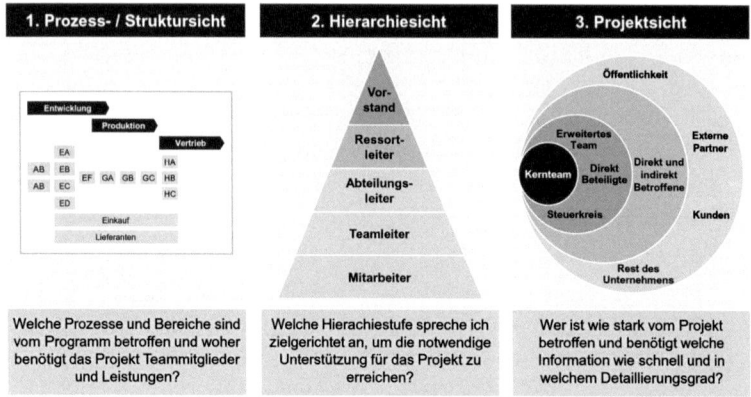

Bei komplexen Veränderungsprojekten macht die Unterscheidung der Zielgruppen nach Grad der Betroffenheit von verschiedenen Teilprojekten Sinn (Abbildung 5.3).

Abbildung 5.3: Beispiel für Unterscheidung der Betroffenheit nach Teilprojekten [17]

Teilprojekte / Zielgruppen	Zeit-wirtschaft	Ab-rechnung	HR Direkt	HR Cockpit	PE	Zutritt
Personalsachbearbeiter	x	x	x	x	x	
Personalreferenten	(x)	x	x	x	x	
Personalführungskräfte	(x)	(x)	x	x	x	
FK der Fachbereiche	x	x	x	x	x	
Meister	x	x	x	x	x	
Zeitbeauftragte	x					
alle Mitarbeiter	(x)	(x)	x			(x)
Controller				x		
Werkschutz						x
Administratoren						x

16 eigene Darstellung der change FACTORY GmbH München
17 eigene Darstellung der change FACTORY GmbH München

Dadurch wird die Unterscheidung in **Kernzielgruppen des gesamten Projekts** und **Zielgruppen der einzelnen Teilprojekte** möglich. Wenn die Zielgruppe eines einzelnen Teilprojekts mit der gesamten Dachkommunikation zum Programm „beglückt" wird, werden die Mitarbeiter in dieser Zielgruppe die Auswirkung der Veränderung auf sich selber wahrscheinlich als deutlich größer wahrnehmen als dies tatsächlich der Fall ist. Zudem führt die erhöhte Komplexität voraussichtlich zu einem schlechteren Verständnis des Teilprojekts. Sie würden also eine vermeidbare Informationsüberlastung herbeiführen.

3. Schritt: Situation der Zielgruppen verstehen [18]

Nachdem das Projekt verstanden und die Zielgruppen definiert sind, beginnt die eigentliche Kommunikationsplanung. Ausgangspunkt hierfür ist eine saubere Analyse der aktuellen Situation der Zielgruppen einschließlich relevanter Aktivitäten in der Vergangenheit. Zentrale Fragen sind:

- Was genau verändert sich für die Zielgruppen?
- Was sind die Veränderungsanforderungen auf der Verhaltensebene?
- Aus welchen Gründen könnten die Mitarbeiter freiwillig mitmachen?
- Aus welchen Gründen könnten die Mitarbeiter Widerstand leisten?
- Welche Kommunikationsmaßnahmen haben bereits stattgefunden?
- Wie ist der Wissensstand über das Projekt?
- Wie ist die Einstellung gegenüber dem Projekt?

---

[18] Für diesen Schritt sind die Instrumente aus Kapitel 6 geeignet und ebenso zahlreiche weitere Methoden.

Nachdem Sie ein Grundverständnis der Situation der wichtigsten Zielgruppen entwickelt haben, ist die nächste Aufgabe der **Vergleich der Zielgruppen** untereinander. Gibt es eine gewünschte Reihenfolge bei der Kommunikation an die Zielgruppen? In manchen Unternehmenskulturen ist die zeitgleiche Information von Führungskräften und Mitarbeitern beispielsweise tabu, weil Führungskräfte eine frühere Information „verdient" haben. Ein solcher „Regelverstoß" in der frühen Phase der Kommunikation macht das Leben unnötig schwer. Andererseits kann manchmal auch die bewusste Herbeiführung eines Regelverstoßes sinnvoll sein, um das Bewusstsein für die notwendige Veränderung der Kultur zu schärfen.

Häufig ist an dieser Stelle eine **Priorisierung der Zielgruppen** sinnvoll. Wenn Sie nicht das Geld und die Zeit haben, alle optimal einzubinden, müssen Sie wählerisch sein. Gegebenfalls kann im Sinne des Multiplikatorenansatzes auch eine Zielgruppe einen Beitrag zur Kommunikation mit anderen Zielgruppen leisten. Dies müssen übrigens nicht immer die Führungskräfte sein. Beispiel:

Bei der Einführung eines neuen Bewerbersystems können die Mitarbeiter der klare Fokus sein und die Führungskräfte werden dann (mit Zeitverzögerung) sanft gezwungen, das System ebenfalls zu nutzen.

4. Schritt: Kommunikationsziele definieren

Es gibt Kolleginnen und Kollegen, die legen das Kommunikationsziel immer zuerst fest. Nach dem Motto: Was wollen wir eigentlich erreichen? Andere neigen dazu, erst einmal das Projekt, die Zielgruppen und deren Situation zu verstehen, um dann den Beitrag der Kommunikation in diesem Kontext zu definieren. Beides geht.

Mögliche Ziele der Veränderungskommunikation finden Sie in Kapitel 3. Dabei ist es gar nicht so einfach, aus einer bestehenden Liste die richtigen Ziele für Ihr Projekt auszuwählen. Mögliche Fragen sind:

- Was ist das übergeordnete Ziel der Kommunikation?
- Wer braucht welche Informationen bis wann?
- Wer soll wann welches Verhalten zeigen?
- Bis wann soll dieses Ziel erreicht werden?
- Welche Etappenziele gibt es?
- Wie passen die Etappenziele zu den Meilensteinen des Projekts?

Wir empfehlen Ihnen, die Ziele so konkret und messbar wie möglich festzulegen. Ansonsten definieren Sie später zwar Botschaften und Maßnahmen, aber zielorientiert im Sinne eines Beitrags zum Projekterfolg wird es nicht sein.

5. Schritt: Kommunikationsstrategie entwickeln

Zwischen die Definition der Kommunikationsziele und die Auswahl der einzelnen Kommunikationsmaßnahmen gehört der Blick auf die Kommunikation als Ganzes. Die Kommunikationsstrategie bietet die notwendige Orientierung bei der konkreten Ausgestaltung der Kommunikationsinhalte und Kommunikationsmaßnahmen. Relevante Fragen sind:

- Was ist die grundlegende Story, die wir erzählen?
- Woran wollen wir uns mit unserer Kommunikation orientieren?
- Was sind geeignete Metaphern oder durchgängige Beispiele?
- Brauchen wir Multiplikatoren (Key User, Change Agents oder ähnliches)?
- Was sind die großen Blöcke der Kommunikation? (Phasen, Etappen, ...)

Noch ein Hinweis: Wir wissen, dass die Kommunikationsstrategie nicht immer eingehalten werden kann. Einzelne Maßnahmen sind besser ad hoc und/oder aus dem Bauch heraus zu entscheiden. Aber: Die übergreifende Dynamik der Kommunikation und die Gesamtinszenierung sind damit vorgeschrieben. Und die Messung der Kommunikationswirkung sollte entlang dieser Dynamik erfolgen. Wenn die durchgeführten Maßnahmen nicht die geplante Wirkung erzielen, müssen Sie gegensteuern. Denn erstens basieren die folgenden Maßnahmen sonst auf einer falschen Annahme über den Status der Zielgruppen und zweitens geraten Sie mit der Zielerreichung in Verzug. Das erste ist ineffektiv. Das zweite ist inakzeptabel.

Beispiel für die Kommunikationsstrategie eines Projekts in einem Automobilkonzern

Die Unternehmenskultur ist ein zentraler Erfolgsfaktor für dieses Unternehmen und dementsprechend muss das Prozessoptimierungsprojekt an diese Kultur andocken. Gemäß dem Persönlichkeitsmodell *Hermann Dominanz Instrument* (HDI) kann die Unternehmenskultur als „blau" bezeichnet werden, denn sie ist von „Extraversion" und „Sachorientierung" geprägt (siehe Abbildung 5.4). Im Verlauf des Projekts wurde deutlich, dass die Kommunikation nicht die gewünschte Wirkung erzielte. Eine Problemanalyse ergab, dass das Projekt im Sinne des HDI weitgehend „graue" Themen bearbeitet und diese auch noch „grau" kommuniziert. Dies entspricht einer Kombination aus „Introversion" und „Sachorientierung". Mit dieser Erkenntnis war die Herausforderung klar und die Kommunikationsstrategie lag auf der Hand: Ab sofort wurden die „grauen" Themen „blau" kommuniziert. Geeignete Bilder und Metaphern waren ausreichend in der Marketingabteilung vorhanden, weil dort die Produkte schon lange entsprechend positioniert wurden.

Abbildung 5.4: Orientierung der Kommunikation an der Unternehmenskultur

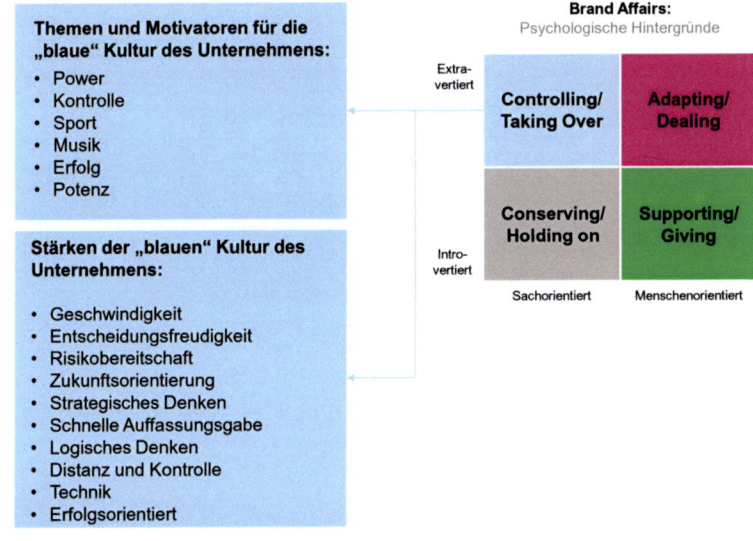

Beispiel für die Kommunikationsstrategie eines Projekts in einem Mineralölkonzern

Das Unternehmen harmonisiert europaweit seine Prozesse und führt zudem eine neue Standardsoftware ein. Das Timing des Projekts wird von den bekannten Projektphasen bei IT-Projekten bestimmt: unter anderem Fachkonzept, IT-Konzept, Programmierung, Tests und Go live. Damit vergeht ziemlich viel Zeit vom Start des Projekts bis zu dem Zeitpunkt, ab dem die Mitarbeiter ihre neuen Aufgaben in dem neuen Prozess mit dem neuen IT-System erledigen. Zu kommunizieren gibt es in diesem langen Zeitraum an die End User eigentlich nicht viel, weil aufgrund der Natur der Veränderung (top-down Prozesse und IT-System) eine Beteiligung nur in begrenztem Maße vorgesehen ist. Anfangs nicht zu kommunizieren kommt allerdings auch nicht in Frage, weil die Gerüchteküche sonst brodeln würde. Also hat man sich für folgende Strategie entscheiden (siehe Abbildung 5.5):

1. Klare Ansage, dass eine Veränderung kommen wird.
2. Lange Phase der regelmäßigen Kommunikation zur Erhöhung des Verständnisses.
3. Kurze knackige Phase zur Sicherstellung der Akzeptanz.

Abbildung 5.5: Orientierung der Kommunikation an den Projektphasen [19]

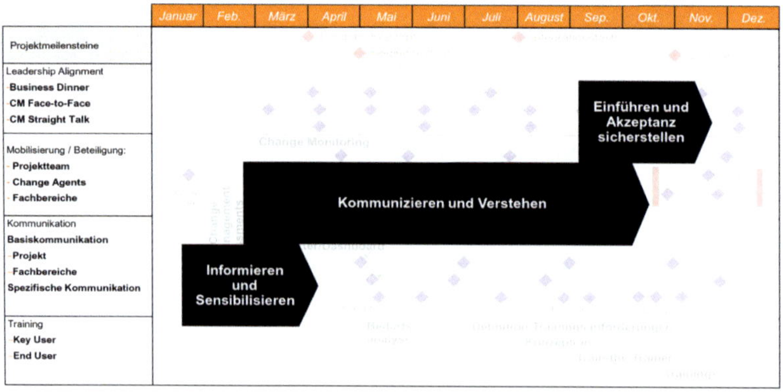

---

[19] Eigene Darstellung der change FACTORY GmbH München

6. Schritt: Kernbotschaften formulieren

Unabhängig von den konkreten Inhalten einzelner Kommunikationsmaßnahmen hat sich die Formulierung von wenigen
zentralen Kernbotschaften für das gesamte Projekt als
erfolgskritisch herausgestellt. Mögliche Fragen sind:

- Welche Themen sollten wir adressieren?
- Welche Themen sollten wir vermeiden?
- Was soll in jedem Fall bei den Mitarbeitern hängen bleiben?
- Gibt es Schlüsselbegriffe, die immer wieder verwendet
  werden sollen?
- Gibt es Begriffe, die tabu sind?
- Wo benötigen wir zielgruppenspezifische Botschaften?

Bei der Formulierung der Kernbotschaften bietet sich ein
Vorgehen in drei Schritten an:

1. Zunächst müssen die Themen und Inhalte definiert werden,
   über die informiert werden soll. Grundlage hierfür sind die
   zuvor definierten Kommunikationsziele und die
   Kommunikationsstrategie.[20]

2. Je nach Beziehung einer Zielgruppe zum Projekt müssen die
   Botschaften für einzelne Zielgruppen in deren „Sprache"
   übersetzt werden.

3. Je nach Auswirkung der Veränderung auf eine Zielgruppe und
   je nach Verhältnis zwischen treibenden und hemmenden
   Faktoren müssen die Botschaften für einzelne Zielgruppen
   ergänzt oder detailliert werden.[21]

---

[20] Tipps für die Inhalte der Kernbotschaften finden Sie unter „Kernbotschaften
formulieren" in Kapitel 4.
[21] Weitere Informationen zu den beiden Analyseinstrumenten
„Veränderungspyramide" und „Kraftfeldanalyse" finden Sie in Kapitel 6.

7. Schritt: Kommunikatoren wählen

Offizielle Kommunikation in Veränderungsprozessen findet in Form von konkreten Kommunikationsmaßnahmen statt. Maßnahmenübergreifend sind die grundsätzlichen Rollen in der Kommunikation zu definieren und anschließend ist für jede einzelne Maßnahme ein Kommunikator zu bestimmen. Den wesentlichen Personengruppen wie oberes Management und Projektleitung wird damit klar, dass sie eine wichtige Kommunikationsaufgabe haben. Als Nebeneffekt schärfen die Gespräche bei den Beteiligten auch das Bewusstsein für die Notwendigkeit informeller Kommunikation über die Veränderung, wann immer sich die Gelegenheit dazu bietet. Mögliche Fragen sind:

- Welche Rolle spielt das obere Management?
- Welche Rolle spielt das mittlere Management?
- Welche Rolle spielen die operativen Vorgesetzten?
- Wer ist willens zu kommunizieren?
- Wer ist kompetent zu kommunizieren?
- Wer ist glaubwürdig und vertrauenswürdig?
- Welche Rolle übernimmt die Projektleitung?
- Werden alle Zielgruppen direkt oder indirekt erreicht?
- Werden zusätzliche Multiplikatoren oder Key User benötigt?

Allen Beteiligten an der Kommunikation muss ihre Rolle unbedingt klar sein. Legen Sie wert darauf. Ein Beispiel:

Ein Kollege, verantwortlich für die Kommunikation in einem großen Restrukturierungsprojekt, kam irgendwann frustriert zu mir und beklagte sich: „Wenn die ihre Einstellung nicht ändern, dann kannste das knicken." Mit „die" meinte er die Top 15 Führungskräfte. „Die" haben damals ihre Einstellung nicht geändert und das Desinteresse an den Kommunikationsmaßnahmen war unübersehbar für aufmerksame Mitarbeiter. Der Nutzen der Roadshows an verschiedenen Standorten blieb dadurch deutlich hinter den Erwartungen zurück.

8. Schritt: Bestehende Kommunikationsmaßnahmen bewerten

Bestehende Kommunikationskanäle des Unternehmens (z.B. Mitarbeiterzeitung oder Forumsveranstaltungen) sind bei den Mitarbeitern meist bekannt und die Mitarbeiter sind mit dem Medium vertraut. Zudem spart es Zeit und Geld. Denn oft müssen nur die Inhalte geliefert werden, weil die Maßnahmen als solche ohnehin umgesetzt werden. Und wenn die Maßnahmen nicht ohnehin umgesetzt werden, so liegen zumindest fertige Formate (z.b. eine Designvorlage für einen Newsletter oder eine Agenda für einen Teamworkshop) vor, die Sie nur an Ihr aktuelles Projekt anpassen müssen. Dies sind gute Gründe, auf bestehende Kommunikationskanäle zurückzugreifen.

Um den Erfolg der Veränderungskommunikation sicherzustellen, ist eine Evaluation der bestehenden Kommunikationskanäle notwendig. Mögliche Fragen sind:

- Welche bestehenden Kanäle nutzen die Mitarbeiter?
- Welche Kanäle werden für welche Inhalte benutzt?
- Welche Gremien gibt es, die genutzt werden können?
- Welche Aspekte einer Nachricht können mit welcher Kommunikationsmaßnahme stabil transportiert werden? (Sache, Beziehungsaufbau, Selbstdarstellung, Appell)
- Wie ist die Qualität der Maßnahmen hinsichtlich Design, Text und Versendung?
- Welche Kommunikationsmaßnahmen sind glaubwürdig?

Zur Beantwortung dieser Fragen gibt es viele verschiedene Möglichkeiten. Pragmatisch ist die **Befragung von betroffenen Mitarbeitern und Führungskräften**. Als Nebeneffekt wird dabei noch die Bereitschaft zur Anpassung der Kommunikation an die Bedürfnisse der Zielgruppe signalisiert. Idealerweise findet unabhängig vom aktuellen Veränderungsprojekt regelmäßig eine Evaluation der internen Medien statt, so dass die benötigten Informationen bereits vorliegen.

9. Schritt: Kommunikationsmaßnahmen auswählen und orchestrieren

Bisher haben Sie einen Überblick über die bereits vorhandenen Kommunikationsmaßnahmen und deren Einsatzpotential in Ihrem Projekt. Nun geht es um die Auswahl weiterer Kommunikationsmaßnahmen und deren zeitliche Taktung. Berücksichtigen Sie dabei auch die Maßnahmen, mit denen Sie die Umsetzung und Wirkung der Kommunikation steuern wollen. Mögliche Fragen sind:

- Welche Kommunikationsmaßnahmen kommen grundsätzlich in Frage?
- Wer benötigt welche Information wie schnell und in welchem Detaillierungsgrad?
- Wann können bzw. müssen die ersten Kommunikationsmaßnahmen starten?
- Welche inhaltliche Kommunikationskette ist für die nächsten Monate aufzubauen?
- Wann werden welche Medien in welcher Verkettung eingesetzt?
- Welche Verknüpfungen gibt es zum Gesamtprojekt?
- Mit welchen Medien und Methoden können wir am besten die Kernbotschaften rüberbringen?

Zu diesem Zeitpunkt geht es noch nicht um die detaillierte Ausgestaltung der Maßnahmen, sondern um eine grobe Beschreibung zum Beispiel anhand folgender Punkte:

- Kurzbeschreibung: Worum geht es bei der Maßnahme?
- Zielgruppe: Auf wen bezieht sich die Maßnahme?
- Ziel: Was soll mit der Maßnahme erreicht werden?
- Timing: Wann und in welcher Häufigkeit wird die Maßnahme eingesetzt?
- Vernetzung: Welche Vernetzung gibt es mit anderen Maßnahmen?
- Feedback: Welche Möglichkeiten zum Dialog und zur Rückmeldung bestehen?
- Details: Was sind erste Ideen für die Ausgestaltung?

Als Arbeitsmedium bietet sich eine Tabelle in Excel mit entsprechender Sortierfunktion an und für eventuell notwendige Präsentationen in Projektgremien empfehlen wir Ihnen, parallel bereits eine ansprechende Grafik in PowerPoint vorzubereiten.

Zwei Kriterien für die Auswahl weiterer Kommunikationsmaßnahmen sind Reichweite und Wirkungstiefe (Abbildung 5.6). **Reichweite** ist aus Gründen der Effizienz wichtig. Zudem werden die Effektivität gesteigert und Gerüchte vermieden, wenn die gleiche Botschaft gleichzeitig an viele betroffene Mitarbeiter kommuniziert wird. **Wirkungstiefe** ist dahingehend wichtig, dass Kommunikation einen Beitrag zur Verhaltensänderung leisten soll und daher Interesse nicht ausreichend ist.

Abbildung 5.6: Kommunikationsmaßnahmen nach Reichweite und Wirkungstiefe [22]

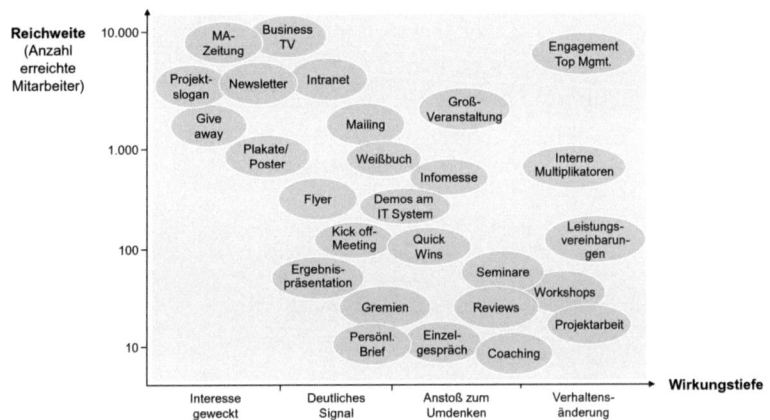

[22] In Anlehnung an Umsetzungsberatung (2005)

66

Nachdem Sie für jede Zielgruppe eine geeignete Taktung von Maßnahmen erarbeitet haben, gilt es die Maßnahmen über alle Zielgruppen hinweg abzustimmen:

- Manche Aspekte werden banal sein: Beispielsweise wird der Newsletter bei fast allen Zielgruppen im Plan erscheinen aber nur einmal verschickt werden.

- Für andere Aspekte müssen Sie etwas genauer hinschauen: Wenn beispielsweise auf einer Informationsveranstaltung die lokalen Führungskräfte und der Betriebsrat auftreten sollen, dann müssen Maßnahmen zur Information und Vorbereitung dieser Zielgruppen mit ausreichend Vorlauf stattfinden.

So entsteht Schritt für Schritt der erste Entwurf des Kommunikationsplans (siehe Abbildung 5.7). Zu diesem Zeitpunkt ist das Ziel ein gemeinsames Verständnis der Kommunikations-maßnahmen bei den wesentlichen Projektbeteiligten. Später gibt der Plan Orientierung bei der Umsetzung.

Abbildung 5.7: Beispiel für einen Kommunikationsplan [23]

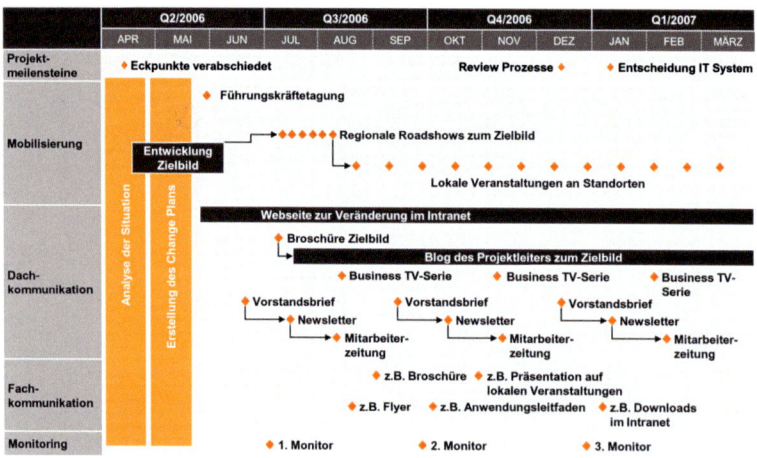

---

[23]   Eigene Darstellung der change FACTORY GmbH München

10. Schritt: Kommunikationsplan mit Zielgruppenvertretern abstimmen

Um sicherzugehen, dass die erarbeiteten Maßnahmen den Anforderungen und Bedürfnissen der Zielgruppen entsprechen, bietet sich eine entsprechende Abstimmschleife an. Mögliche Fragen sind:

- Auf welche Zielgruppen gehen wir zu?
- Wie wählen wir die Vertreter der Zielgruppen aus?
- Wird die Abstimmung bereits als erster offizieller Schritt kommuniziert?
- Welche Gerüchte werden nach den Gesprächen mit den Zielgruppenvertretern eventuell entstehen?
- Wie wirken sich diese Gerüchte auf die Eignung der geplanten Maßnahmen aus?
- Wer nimmt seitens des Projekts an den Gesprächen teil?
- Welche Risiken sind mit einer Abstimmung verbunden?

Es gibt verschiedene Wege, um Feedback zu den geplanten Maßnahmen von Zielgruppenvertretern zu erhalten. Eine gute Kosten-Nutzen-Relation haben in vielen Fällen teilstrukturierte Interviews mit ausgewählten Betroffenen, in denen grobe Ideen für die Kommunikation und die dahinter liegenden Annahmen bezüglich der Wahrnehmung der Veränderung (Themen, Treiber, Barrieren, ...) besprochen werden. Teilweise werden diese Gespräche bereits vor Beginn der Planung geführt, um im Sinne einer evidenzbasierten Veränderungskommunikation maßge-schneiderte Maßnahmen zu entwickeln.

Alternativ kann auch das persönliche Netzwerk der Projektbeteiligten genutzt werden, um auf kurzem Dienstweg eine Vorstellung von der Sichtweise der Zielgruppen zu bekommen.

11. Schritt: Kommunikationsplan freigeben lassen

„Wer schafft an?", fragte der erfahrene Kollege den jungen Kollegen, als dieser einen Termin für die Konzeption einer großen Veranstaltung vereinbaren wollte. Der junge Kollege verstand nur Bahnhof. Daraufhin erklärte der erfahrene Kollege, dass derjenige, der die Maßnahme bezahlt, diese in der Regel am Ende auch freigibt, und dass man dessen Interessen von Anfang an berücksichtigen sollte.

Will heißen: Planen Sie ausreichend Zeit für die Abstimmung des Kommunikationskonzepts und der einzelnen Maßnahmen mit den Projektverantwortlichen ein. Denn erstens redet beim Thema Kommunikation gerne jeder mit. Und zweitens ist der damit verbundene Aufwand die Mühe wert, weil die Mitglieder des Freigabegremiums häufig auch eine aktive Rolle in der Kommunikation spielen und sie durch den Freigabeprozess für diese Rolle sensibilisiert werden.

12. Schritt: Maßnahmen in Projektplan übertragen und mit Umsetzung beginnen

Als letzter Schritt werden der Kommunikationsplan in einen übergeordneten Change Management Masterplan und dieser dann in den Projektplan integriert, um eine ganzheitliche Steuerung und Kontrolle zu ermöglichen. Hier nicht detailliert beschrieben ist die Abstimmung der Kommunikationsmaßnahmen mit anderen Maßnahmen des Projektmanagements und Change Managements. Denn dieser Schritt ähnelt dem zielgruppen-übergreifenden Abgleich der Kommunikationsmaßnahmen und der Abstimmung mit den Projektverantwortlichen.

Nach Abstimmung des Kommunikationsplans mit allen relevanten Beteiligten und Integration der enthaltenen Kommunikations-maßnahmen in den Projektplan beginnt die Umsetzung der Maßnahmen. Basierend auf der vorhandenen Grobbeschreibung erfolgt nun mit entsprechendem zeitlichem Vorlauf die detaillierte Ausplanung der einzelnen Kommunikationsmaßnahmen. Zudem werden die kontinuierlichen Maßnahmen wie Webseite oder Newsletter konzipiert und pilotiert.

Die Meilensteine und Maßnahmen der Kommunikation werden genau so berichtet wie alle anderen Fach- und Querschnitts-themen auch. Das regelmäßige Monitoring zeigt den gegebenen-falls notwendigen Anpassungsbedarf im Kommunikationsplan auf.

Kapitel 6

Methoden zur Analyse der Situation

Als Kommunikationsverantwortliche müssen wir Veränderungen im Allgemeinen und unser eigenes Projekt im Speziellen im Detail verstehen. Dies ist eine notwendige Voraussetzung für die Planung erfolgreicher Veränderungskommunikation. Wir brauchen empirische Daten darüber, was im Allgemeinen in Veränderungsprojekten funktioniert und wie genau die Situation in unserem Projekt ist. Nicht nur einmalig zu Beginn des Projekts sondern regelmäßig über den gesamten Projektverlauf. Lassen Sie es uns **evidenzbasierte Veränderungskommunikation** nennen. Es gilt:

Erst Verstehen. Dann Handeln.

Die folgenden sieben Analysemethoden stellen wir Ihnen in diesem Kapitel vor:

1. Typische Reaktionen auf Veränderungen
2. Typischer Verlauf der Reaktionen (Veränderungskurve)
3. Ebenen der Veränderung (Veränderungspyramide)
4. Umgang mit verschiedenen Ursachen von Widerstand
5. Stakeholderanalyse und -management
6. Treibende und hemmende Kräfte (Kraftfeldanalyse)
7. Erfolgsfaktoren und Phasen nach Kotter

Aus allen sieben Themen können Sie entweder projektspezifische oder zumindest doch grundsätzliche Anhaltspunkte für Ihre Kommunikation ableiten.

Typische Reaktionen auf Veränderungen

In jedem Veränderungsprojekt sind vielfältige Reaktionen auf die geplante Veränderung zu erwarten: von aktiver Unterstützung über Unentschlossenheit bis offener Widerstand. **Voraussetzung für erfolgreiche Veränderungskommunikation ist die Einstellung der Verantwortlichen, dass alle Reaktionen normal sind.** Als Groborientierung gehen wir von einer Normalverteilung von sieben Einstellungen aus (siehe Abbildung 6.1).

Abbildung 6.1: Typische Einstellungen gegenüber Veränderungen [24]

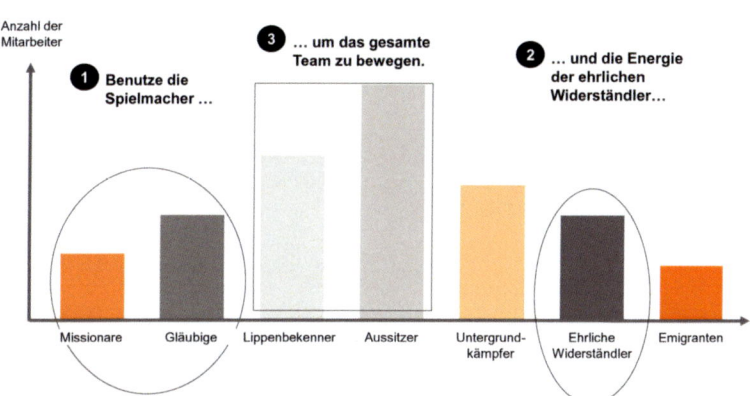

1. Die **Missionare** (oder Visionäre) sind von der Richtigkeit der Veränderung überzeugt. Sie versuchen, die übrigen Mitarbeiter von der Notwendigkeit der Veränderung zu überzeugen und für eine aktive Mitarbeit zu gewinnen. Häufig haben diese Menschen die Veränderung mit erarbeitet und/oder gehören dem oberen Management an.

2. Die **Gläubigen** haben die bevorstehende Veränderung für sich akzeptiert und sind bereit, aktiv mitzuarbeiten, um die Ziele der Veränderung zu erreichen. Sie tragen die neuen

---

[24] Eigene Darstellung der change FACTORY GmbH München in Anlehnung an Krebsbach-Gnath C (1992) Wandel und Widerstand, FAZ-Verlag

Ideen in das Unternehmen und werden dadurch selber zu Missionaren.

3. Die **Lippenbekenner** (oder Opportunisten oder Je-nach-dem-er) schauen zuerst einmal auf die persönlichen Vor- und Nachteile, die die Veränderung mit sich bringen könnte. In formellen Situationen z.b. gegenüber ihren Vorgesetzten oder gegenüber dem Projektteam äußern sie sich positiv über die Veränderung („richtig" / „unbedingt notwendig" / „lange überfällig"). In informellen Situationen z.b. gegenüber ihren Kollegen äußern sie sich eher zurückhaltend oder skeptisch („ob das funktioniert" / „ziemlich schwierig"). In der Regel folgen auf die Worte keine Taten. Daher bezeichnen wir diese auf den ersten Blick positive Reaktion bereits als schwache Form des Widerstands.

4. Die **Abwartenden** (oder Gleichgültigen oder Aussitzer) stellen die Mehrheit der Menschen bei fast allen Veränderungen. Die Bereitschaft dieser Menschen, sich aktiv an der Veränderung zu beteiligen, ist sehr gering. Sie warten erst einmal ab, was tatsächlich passiert. Um diese Gruppe in die Veränderung einzubinden und vielleicht sogar zu aktiven Gläubigen zu machen, müssen sie erste Erfolge der Veränderung sehen.

5. Die **Untergrundkämpfer** sind Gegner der Veränderung. Sie gehen verdeckt vor und machen heimlich Stimmung gegen die Veränderung. Im Gegensatz zu den Lippenbekennern äußern sich die Untergrundkämpfer nur in seltensten Fällen formell positiv zur Veränderung. Stattdessen neigen sie eher zum Ausweichen, wenn sie zu einer Stellungnahme gezwungen werden.

6. Die **ehrlichen Widerständler** (oder offenen Gegner) zeigen ihre negative Haltung gegenüber der Veränderung offen. Sie sind überzeugt, dass die getroffenen Entscheidungen falsch sind und der eingeschlagene Weg nicht zielführend ist. Ihnen geht es um die Sache und nicht um persönliche Privilegien. Ihre Einwände und Ideen können zu einer besseren

Umsetzung der geplanten Maßnahmen führen. Wenn wir die „ehrlichen Widerständler" nicht ansprechen, werden sie die Vorteile der Veränderung allerdings immer wieder in der Öffentlichkeit kritisch hinterfragen und so einen negativen Einfluss auf die anderen Mitarbeiter ausüben. Sie können dann auch zu „Untergrundkämpfern" werden und insgeheim gegen die Veränderung arbeiten.

7. Die **Emigranten** haben beschlossen, die Veränderung in keinster Weise mitzutragen. Sie kündigen entweder innerlich oder verlassen das Unternehmen. Häufig sind in dieser Gruppe Leistungsträger, denen keine ausreichenden Perspektiven geboten werden.

Die kommunikative Herausforderung auf der individuellen Ebene liegt darin, die Einstellung eines Mitarbeiters zu erkennen und ihr angemessen zu begegnen.

Wir binden in unseren Projekten wenn möglich die „Missionare" und „Gläubigen" in die Kommunikation ein und versuchen, die Energie der „ehrlichen Widerständler" zu nutzen, um dann gemeinsam die Abwartenden positiv zu beeinflussen. Somit können wir die kritische Masse von ca. 40% aller betroffenen Mitarbeiter erreichen, die für eine nachhaltige Veränderung notwendig ist.

Unabhängig von der individuellen Kommunikation ist das Wissen über typische Reaktionen auch bei der Erstellung des Kommunikationskonzepts hilfreich.

Es kann als Input für die Auswahl und Ausgestaltung geeigneter Kommunikationsmaßnahmen verwendet wird. Einige Beispiele:

-   Damit die beiden Schlüsselgruppen Missionare und Gläubige ihre Botschaft nicht nur informell, sondern auch offiziell verkünden können, brauchen sie geeignete Plattformen. Dies können beispielsweise eine Großgruppenveranstaltung als Startschuss zur Veränderung, eine Serie von Roadshows über die Auswirkung der Veränderung auf den jeweiligen Standort oder eine Kaskade von Workshops über verschiedene Ebenen zur Feinjustierung der Veränderung auf den jeweiligen Bereich sein.
-   Die „ehrlichen Widerständler" brauchen die Möglichkeit, ihre Meinung über die Veränderung äußern zu können. Dementsprechend müssen die oben genannten Maßnahmen ausreichend viel Raum für Dialogkommunikation in Form von Diskussion und Meinungsäußerung bieten. Denn am einfachsten können die ehrlichen Widerständler durch Diskussion in kleinen Gruppen von der Notwendigkeit und den Vorteilen der Veränderung überzeugt werden.
-   Wenn frühzeitig ausreichend viele Informationen über die geplante Veränderung für die breite Masse der betroffenen Mitarbeiter (d.h. die Lippenbekenner und die Abwartenden) zur Verfügung gestellt werden, können sie selber bereits über die Veränderung nachdenken. Das Ziel ist, ein grundlegendes Verständnis der Veränderung zu erzeugen, um später auf dieser Informationsbasis aufbauen zu können, wenn es darum geht, die Mitarbeiter von der Notwendigkeit und dem Nutzen der Veränderung zu überzeugen.
-   Falls eine Einschätzung der Mitarbeitereinstellung dazu führt, dass die Veränderung wegen Mangel an Missionaren zu scheitern droht, können bewusst Vertreter verschiedener Mitarbeitergruppen als Multiplikatoren ausgebildet werden.

Typischer Verlauf der Reaktionen auf Veränderungen (Veränderungskurve)

Es gibt unseres Wissens keine wirklich fundierten Studien darüber, wie sich die Gedanken, die Gefühle und das Verhalten der betroffenen Mitarbeiter im Verlauf einer organisationalen Veränderung typischerweise entwickeln. Allerdings gibt es einige hilfreiche Modelle für die Praxis. Am bekanntesten ist die sogenannte Veränderungskurve (siehe Abbildung 6.2). Sie basiert auf der Trauerforschung von Elisabeth Kübler-Ross[25] über den Umgang von Angehörigen mit dem Verlust einer geliebten Person. Im Unternehmenskontext beschreibt die Veränderungskurve typische Phasen in einem individuellen Veränderungsprozess. Die vier wesentlichen Phasen sind dabei Verneinung, Widerstand, Anpassung und Commitment.

Abbildung 6.2: Veränderungskurve [26]

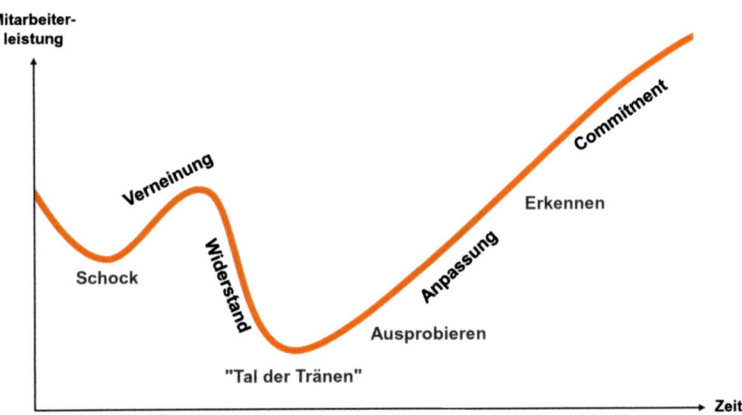

<hr />

[25] Im Kontext von Veränderungsprozessen wird häufig ihr Werk „On Death and Dying" (1969) zitiert. Einen besseren Gesamtüberblick über ihr Werk gibt meines Erachtens jedoch das Buch „Erfülltes Leben – Würdiges Sterben" (2008).

[26] Die Vielzahl der verfügbaren Darstellungen der Veränderungskurve variiert in Begrifflichkeiten und teilweise im Verlauf. Die Kernaussage ist jedoch jeweils identisch. Alternative Darstellungen zum Kurvenverlauf sind beispielsweise das Four-Room-Appartment of Change des Ashridge Management College oder der Cycle of Change von Rick Maurer.

Die Veränderungskurve kann dahingehend als Instrument verwendet werden, dass die Zielgruppen auf der Kurve positioniert werden und dann geeignete Kommunikationsmaßnahmen für diese Phase des Veränderungsprozesses abgeleitet werden.

Im Gegensatz zu bestehenden Ausführungen werden wir die Veränderungskurve im Folgenden etwas umgangssprachlicher beschreiben: so wie die betroffen Mitarbeiter es vielleicht auch tun würden. Darüber hinaus werden wir Ideen für Kommunikation in den einzelnen Phasen vorstellen.

Schockphase. Die erste Reaktion auf den befürchteten Verlust von etwas ist häufig Schock. Dies gilt auch, wenn es „nur" um den Verlust liebgewonnener Strukturen, Kollegen, Arbeitsweisen oder Bürostandorte geht.

Ideen für die Kommunikation in der Schockphase. Da Schock ein Signal des Körpers für einen bedrohlichen Zustand ist, steuert der Körper automatisch gegen. An dieser Stelle ist meist noch keine kommunikative Unterstützung notwendig und teilweise auch gar nicht möglich. Aus Überlebensdrang bzw. Eigeninteresse bewegen wir uns „automatisch" in die nächste Phase.

Verneinungsphase. Die Reaktion, die typischerweise auf den Schock folgt, ist die Verneinung. Die Mitarbeiter wollen nicht wahrhaben, dass die Veränderung tatsächlich kommt oder dass sie selber betroffen sein werden. Mögliche Reaktionen in dieser Phase sind Verdrängen, Ausblenden, Wegsehen, Verniedlichen und Apathie. Die Leute machen einfach weiter wie bisher. Viele Mitarbeiter denken sich in dieser Phase „Erst mal abwarten", „Das ist doch wieder nur heiße Luft" oder „Mich betrifft das nicht".

Ideen für die Kommunikation in der Verneinungsphase. An dieser Stelle geht es darum, mit geeigneten Kommunikationsmaßnahmen ein Gefühl der Dringlichkeit zu erzeugen, um die Leute aus ihrer Komfortzone herauszubewegen. Denn in der Komfortzone fühlen sich die Leute wohl und sind dementsprechend nicht bereit für

Veränderungen. Die Mitarbeiter müssen zwingend erkennen, dass die Veränderung kommen wird. Effizient – und in der Regel nicht uneffektiv – ist an dieser Stelle die Einwegkommunikation. Die Mitarbeiter erhalten auf verschiedenen Wegen die notwendigen Informationen über die Veränderung, die Notwendigkeit und die Initiatoren. Hilfreich sind klare Ansagen von glaubwürdigen Personen, konkrete Daten von Kunden, Informationen zu den Tätigkeiten anderer Unternehmen. Zeigen Sie den Mitarbeitern auf, was verloren geht, wenn keine Veränderung erfolgt. Verkaufen Sie das Problem ... nicht die Lösung. Die Mitarbeiter sollen nicht erkennen, dass die geplante Veränderung die Beste ist. Dafür ist es noch zu früh. Die Mitarbeiter sollen erkennen, dass überhaupt irgendeine Veränderung notwendig ist. Nutzen des Dialogs in dieser Phase ist im Wesentlichen die Beantwortung der Fragen, die den Mitarbeitern dabei helfen, zu erkennen, dass eine Veränderung kommen wird.

Widerstandsphase. Nachdem bei den Mitarbeitern ein Bewusstsein für die Veränderung eingetreten ist, reagieren sie häufig mit einer Form von Widerstand. Sei es emotional oder rational. Sei es wegen des Loslassens der bestehenden Dinge oder wegen des Einlassens auf die neuen Dinge. Dabei sind die Symptome des Widerstands ebenso vielfältig wie seine Ursachen. Häufige Reaktionen in dieser Phase sind Ärger und Frust, Attackieren und Sabotieren, Trauer oder Wut, Befürchten und Verzweifeln, schlechte Leistung zeigen und vielleicht auch nicht mehr schlafen können. Die Phase des Widerstands findet ihren Ausgang in der Akzeptanz der Veränderung: sei es aus Überzeugung oder aufgrund der Einsicht, dass der Verbleib im Unternehmen das Ertragen der Veränderung voraussetzt. Für manche Mitarbeiter fühlt sich diese Übergangsphase besonders lang an: das sogenannte „Tal der Tränen".

Ideen für die Kommunikation in der Widerstandsphase. In der Phase des Widerstands geht es im ersten Schritt darum, dass die Projektverantwortlichen Verständnis für den Widerstand der Mitarbeiter zeigen. Und zwar so, dass dies für die jeweiligen Mitarbeiter auch ersichtlich, authentisch und damit glaubwürdig ist. Erst im zweiten Schritt geht es darum, den Widerstand der Mitarbeiter zu kanalisieren, ihn zu adressieren und letztendlich in Akzeptanz der Veränderung umzuwandeln. Erfolgsfaktor an dieser Stelle sind alle Formen der Zweiwegkommunikation, um mit den Mitarbeitern in den Dialog zu treten. Mit anderen Worten:

Hören Sie zu! Hören Sie zu! Hören Sie zu!

Ein Großteil in dieser Phase hat in Form von persönlicher Kommunikation zu erfolgen: große Gruppen, kleine Gruppen oder Einzelgespräch. Die Führungskräfte sollten ihre Mitarbeiter dabei durchaus ermutigen, ihre Sorgen und Ängste auszusprechen. Voraussetzung hierfür ist allerdings, dass die Führungskräfte auf den verschiedenen Ebenen auf diese Aufgabe vorbereitet werden. Ebenfalls hilfreich wäre, wenn die Führungskräfte ihren Mitarbeitern einen Schritt auf der Veränderungskurve voraus sind. Aus zwei Gründen sollten Sie in dieser Phase neben der persönlichen Kommunikation immer auch gedruckte oder elektronische Feedbackmöglichkeiten ermöglichen. Erstens bevorzugen manche Mitarbeiter aus gutem Grund den unpersönlichen Weg oder wollen ihrem Unmut einfach nur Luft verschaffen. Zweitens wird somit allen Mitarbeitern der direkte Zugang zu den Projektverantwortlichen ermöglicht. Dadurch wird das Risiko vermieden, dass die Informationen, die über die verschiedenen Managementebenen weitergeleitet werden, zu sehr von der ursprünglichen Nachricht abweichen. Während eine lange Phase des Widerstands sich einerseits negativ auf Motivation und Leistungsfähigkeit der Mitarbeiter auswirkt, sind das effiziente Managen und das Setzen von Fristen in dieser emotionalen Phase mit Vorsicht zu genießen. Das heißt allerdings nicht, dass zu einem bestimmten Zeitpunkt nicht deutlich die negativen Konsequenzen einer fehlenden Veränderungsbereitschaft aufgezeigt werden müssen.

Anpassungsphase. Wie bei jeder Achterbahnfahrt – und so werden Veränderungen von nicht wenigen Mitarbeitern wahrgenommen – geht es nach einer Abfahrt auch wieder bergauf. Die Mitarbeiter müssen mit der neuen Realität irgendwie zurechtkommen oder sind sogar bereit, sich wirklich auf die

Veränderung einzulassen. Sie wenden den Blick in die Zukunft. Sie sind bereit, neue Wege zu erforschen. Allerdings haben die Mitarbeiter noch keine Erfahrung im Umgang mit dem Neuen. Sie können nicht anders, als ohne Plan vorzugehen. Es werden Fehler gemacht. Es besteht weiterhin Unsicherheit über die konkreten persönlichen Auswirkungen. Und es gibt ein Risiko für den Rückfall in den Widerstand: Wenn die Mitarbeiter den Nutzen des Neuen nicht sehen und nicht erkennen, dass sie es schaffen können, werden sie wieder vermehrt an das „alte" Verhalten zurückdenken und es auch zeigen.

Ideen für die Kommunikation in der Anpassungsphase. Nachdem die Mitarbeiter die Veränderung rational und emotional akzeptiert haben, gewinnen andere Aspekte des Change Managements wie beispielsweise Qualifizierung und Coaching an Bedeutung. Nichtsdestotrotz bleibt die Kommunikation wichtig. Trainings müssen kommunikativ vor- und nachbereitet werden, um einen Lerneffekt sicherzustellen. Darüber hinaus können erste Erfolge, nachdem sie erzielt wurden, standortübergreifend kommuniziert werden, um das Prinzip der sichtbaren Quick Wins zu realisieren. Menschen brauchen die Bestätigung, dass die Veränderung machbar ist und Nutzen stiftet. Schließlich werden in der Phase vermehrt Fragen und konkrete Ideen zur operativen Umsetzung der Veränderung auftreten, für die eine Kommunikationsplattform geschaffen werden muss, damit die Mitarbeiter sich mitteilen können. Die Führungskräfte müssen dabei ihre Mitarbeiter immer wieder ermutigen, über ihre Erfahrungen zu reflektieren und kreative Antworten auf ihre Fragen zu finden. Es gibt Zeiten, in denen kennt niemand die Antwort. Nur durch den Austausch unter den Mitarbeitern kann herausgefunden werden, wie man sich intern und gegenüber Kunden verhalten sollte, um den Unternehmenserfolg sicherzustellen.

Commitmentphase. Irgendwann gegen Ende des Veränderungsprozesses, wenn das offizielle Projekt abgeschlossen ist und der Projektleiter sein Lob erhalten hat, verinnerlichen in manchen Projekten die Mitarbeiter die neuen Verhaltensweisen und bilden neue Routinen aus. Erst dann kann wieder von individueller Effizienz auf akzeptablem Niveau geredet werden. Stichworte in dieser letzten Phase der Verstetigung sind: Selbstvertrauen, Erfolg und Zufriedenheit. Die Monate zuvor waren die Mitarbeiter statt mit ihrer täglichen Arbeit immer wieder mit sich und der Veränderung beschäftigt: mit ihren Gedanken und in ihren Herzen. Wenn die Projektverantwortlichen die richtige Veränderung initiiert haben, werden sich die Mitarbeiter irgendwann fragen: „Warum haben wir das eigentlich jemals anders gemacht?"

Ideen für die Kommunikation in der Commitmentphase. Um die Verstetigung des neuen Verhaltens sicherzustellen, ist der Übergang von der Phase des Ausprobierens zwingend kommunikativ zu begleiten. Diejenigen, die erfolgreich und wiederholt das neue Verhalten zeigen, sollten belohnt werden. Auf Basis dieser Erfolgserlebnisse werden unweigerlich und anfangs informell neue Rituale entstehen. Diese neuen Rituale sollten mit allen Mitarbeitern geteilt werden. Zudem gewinnen in dieser Phase die harten Faktoren wieder an Bedeutung. Leistungskriterien, Belohnungssysteme, Jobbeschreibungen und Ziele müssen an die veränderte Situation angepasst und dann unternehmensweit kommuniziert werden. Wenn vorhanden, sollte letztendlich der Erfolg der Veränderung kommuniziert werden, um auch die letzten Zweifler zu überzeugen.

Darüber hinaus kann ein kommunikativer Rückblick auf das Projekt einen Beitrag zur Erhöhung der Robustheit im Umgang mit neuen Situationen und Veränderungen leisten. Denn in der heutigen Zeit leistet die Veränderungskommunikation zu einem beliebigen Projekt immer auch einen Beitrag zur Vereinfachung des Change Managements im folgenden Projekt.

**Verschiedene Ebenen der Veränderung
(Veränderungspyramide)**

Die Reaktion der betroffen Mitarbeiter auf eine Veränderung hängt bei den meisten Menschen davon ab, was sich verändert. Oder anders formuliert: Die Mitarbeiter wollen wissen, wie genau sich die Veränderung auf sie auswirkt. Um auch hier die Analyse zu strukturieren, bietet sich ein Instrument an, in dem die Veränderungen bei den harten Fakten und den weichen Aspekten in einer Grafik dargestellt werden können (siehe Abbildung 6.3).

Abbildung 6.3: Veränderungsbedarf bei den harten und weichen Aspekten [27]

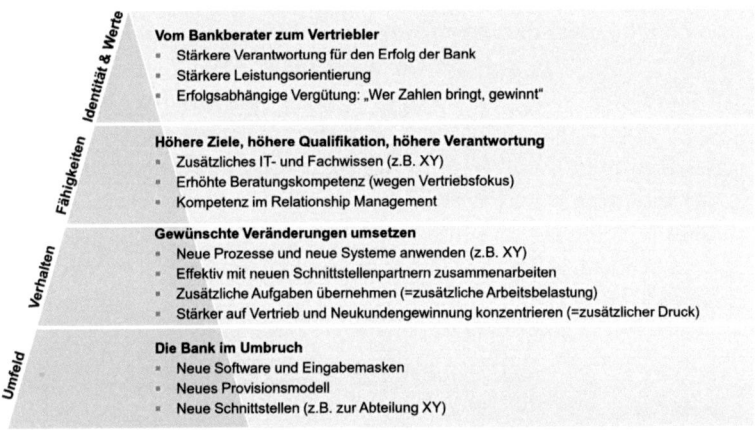

Die Veränderungen in Bezug auf neue Systeme, neue Prozesse, neue Strukturen, neue Tools, neue Kollegen und so weiter können aus Sicht des betroffenen Mitarbeiters auch als sein Umfeld verstanden werden. Die Frage ist, wie sich dieses Umfeld aufgrund eines Veränderungsprojekts verändert. Bei den weichen Aspekten unterscheiden wir meistens drei Ebenen:

- Welches Verhalten ist notwendig, um die Veränderung erfolgreich umzusetzen?
- Welche neuen Fähigkeiten müssen die Mitarbeiter besitzen, um das neue Verhalten zu entfalten?

---

[27]   Eigene Darstellung der change FACTORY GmbH München

- Welche neuen Einstellungen benötigen die Mitarbeiter, um die Veränderung erfolgreich umzusetzen?

Je nach Art der Veränderung kann eine Verfeinerung der letzten Ebene in die Aspekte Identität, Grundüberzeugen und spezifische Einstellungen sinnvoll sein.

Einfacher formuliert könnte man fragen: Was müssen die Mitarbeiter wollen, können und tun, damit die Veränderung erfolgreich wird? Dies zu erkennen ist die Aufgabe der Kommunikationsverantwortlichen in der Analysephase. In der Planungsphase geht es dann darum, geeignete Kommunikations-maßnahmen zu entwickeln, um das Ziel „Die Mitarbeiter müssen ..." auch tatsächlich zu erreichen:

- Im Bereich des **Verhaltens** ist es notwendig, dass den Mitarbeitern das geforderte Verhalten bekannt ist. Dies ist bei der Einführung von SAP tendenziell natürlich einfacher als bei der Einführung von Werten, die gelebt werden sollen. Darüber hinaus müssen die Mitarbeiter vom oberen Management aufgefordert werden, dieses Verhalten auch zu zeigen. Selbstverständlich können die beiden Schritte „Erklären" und „Auffordern" auch miteinander kombiniert werden.

- Bei den **Fähigkeiten** wirken in erster Linie Schulungs-maßnahmen, aber manchmal reicht durchaus eine zwei-stündige Informationsveranstaltung aus.

- Auf der Ebene der **Einstellung** spielt wiederum die Kommunikation die entscheidende Rolle. Insbesondere im Dialog mit den betroffenen Mitarbeitern müssen das Selbstverständnis und die neue Rolle besprochen werden. Erklären, Diskutieren, Fragen beantworten, Selbsterfahrung, Reflektieren der Erfahrungen und viele kommunikative Elemente mehr sind notwendig, um die Einstellung eines Menschen nachhaltig zu beeinflussen.

Gerade in Bezug auf die Wechselwirkung zwischen den drei Ebenen Einstellung, Fähigkeiten und Verhalten ist die Koordination der Kommunikationsmaßnahmen mit weiteren Aktivitäten aus den Bereichen Projekt- und Change Management wichtig. Manchmal bietet es sich an, erst die Schulung durchzuführen und dann die Anwendung des Gelernten kommunikativ zu unterstützen. Und manchmal macht genau das Gegenteil Sinn: Erst wird eine positive Einstellung zur Veränderung erzeugt und dann wird das generierte Interesse an Weiterbildung durch geeignete Trainingsmaßnahmen befriedigt. In jedem Fall sollte dem Kommunikationsverantwortlichen die Herausforderung bekannt sein und die Entscheidung bewusst getroffen werden.

Umgang mit verschiedenen Ursachen von Widerstand

Widerstand ist menschlich und daher normal in Veränderungsprozessen. Dementsprechend enthält die Veränderungskurve
(siehe Abbildung 6.2) auch eine Phase des Widerstands.
Spannend ist in diesem Zusammenhang die Frage, ob die
Mitarbeiter tendenziell eher Widerstand (1) gegen die
Veränderung als solche leisten oder (2) gegen die Art und Weise,
wie der Veränderungsprozess gestaltet wird. Wahrscheinlich ist in
den meisten Projekten beides der Fall. Aus Sicht der
Kommunikationsverantwortlichen besteht die Schwierigkeit
allerdings darin, die Projektverantwortlichen davon zu
überzeugen, dass deren Verhalten und die Gestaltung der
Kommunikation im Umgang mit Widerstand eine entscheidende
Rolle spielt. In diesem Abschnitt geht es darum, welchen Beitrag
die Veränderungskommunikation in Bezug auf den Umgang mit
Widerstand leisten kann.

Die Verantwortlichen für Kommunikation sollten die
**Grundprinzipien im Umgang mit Widerstand an alle
Projektbeteiligten kommunizieren**. Diese können so oder so
ähnlich klingen:

- Akzeptieren Sie den Widerstand der betroffenen Mitarbeiter,
  denn Widerstand ist eine normale Reaktion von Menschen auf
  Veränderungen.
- Wenn Sie keinen Widerstand wahrnehmen, schauen Sie noch
  einmal genauer hin. Es ist nicht unwahrscheinlich, dass Sie
  ihn nur noch nicht erkannt haben.
- Unterdrücken Sie den Widerstand nicht. Sonst „knallt" es
  irgendwann unerwartet. Kanalisieren Sie stattdessen die
  vorhandene Energie im Sinne der Veränderung.
- Bekämpfen Sie nicht die Symptome des Widerstands, sondern
  finden Sie die Ursachen heraus und adressieren Sie diese.
- Suchen Sie den Dialog mit den Mitarbeitern, denn sie können
  andere Menschen nicht bewegen, wenn Sie nicht wissen, was
  diese Menschen bewegt.

Es gibt einige wichtige Fragen, die Mitarbeiter im Kontext von Veränderungen in jedem Fall beantwortet haben wollen. Wenn Sie keine Antwort erhalten, erhöht dies die Wahrscheinlichkeit von Widerstand erheblich. Die Verantwortlichen für Kommunikation sollten daher **die Führungskräfte auf die Beantwortung typischer Fragen vorbereiten.** „Wie immer" geht es dabei um die Notwendigkeit einer Veränderung (Warum), Veränderungsfähigkeit (Können) und Veränderungsbereitschaft (Wollen). Typische Fragen sind beispielsweise:

- **Warum** brauchen wir überhaupt eine Veränderung?
- Warum brauchen wir genau diese Veränderung?
- Gibt es Alternativen?
- Was ist das Ziel der Veränderung?
- Wird mir noch etwas verschwiegen?
- **Will** ich diese Veränderung?
- Was bringt mir die Veränderung?
- Was bedeutet die Veränderung für meinen Status und meine Karriere?
- Was verliere ich durch die Veränderung?
- **Kann** ich die Veränderung schaffen?
- Bin ich den Veränderungsanforderungen gewachsen?

Adäquate Vorbereitung der Führungskräfte auf diese Fragen bedeutet nicht nur die inhaltliche Formulierung der Antworten. Führungskräfte müssen auch rhetorisch im Sinne ihres persönlichen Kommunikationsverhaltens fit gemacht werden. In Frage kommen hierfür beispielsweise eine Kombination der Maßnahmen Kommunikationskit und Kommunikationscoaching in Kapitel 7.

Voraussetzung für den Umgang mit Widerstand ist das Erkennen desselbigen. Die Verantwortlichen für Kommunikation sollten daher **den Führungskräften Tipps für das Erkennen von Widerstand an die Hand geben.** Denn wer die Bedeutung von Widerstand verinnerlicht hat und die typischen Symptome für Widerstand kennt, für den ist Widerstand meist leicht zu erkennen, denn „irgendwas stimmt nicht":

- Besprechungen verlaufen anders als sonst
- Statt zuzuhören werden die eigenen Argumente wiederholt
- Randthemen werden häufiger als sonst zur Ablenkung genutzt
- Statt zu reden wird geschwiegen

Wer genau hinschaut, dem wird auffallen, wenn sich die Menschen anders verhalten. Wenn Sie möchten, können Sie Abbildung 6.4 als Suchraster fürs Hinschauen verwenden. Die Ähnlichkeit der Tabelle zu den Symptomen von Konflikten ist gewollt, denn Widerstand ist nichts anderes als ein Zielkonflikt im Kontext von Veränderungen. Die einen wollen, dass sich die anderen so und so verhalten, während die anderen dies nicht wollen. Wichtig bei dieser Darstellung ist dabei noch, dass die Symptome ein Zeichen für Widerstand sein können, aber nicht müssen. Sie können auch Ausdruck vieler anderer Ursachen seien. Hilfreich ist daher der Abgleich des aktuellen Verhaltens mit dem sonstigen Verhalten der jeweiligen Mitarbeiter.

Abbildung 6.4: Symptome von Widerstand [28]

	Reden	Nicht reden
Angreifen	- Sagen, dass man nicht damit einverstanden ist - Dagegen argumentieren - Vorwürfe machen - Polemisieren - Drohen	- Sich aufregen - Unruhe verbreiten - Sich streiten - Sich an Gerüchten beteiligen - Cliquen bilden
Zurück-ziehen	- Gesprächen ausweichen - Schweigen - Blödeln anstatt sich mit dem Thema ernsthaft auseinander zu setzen - Ins Lächerliche ziehen - Unwichtiges debattieren	- Sich lustlos oder müde fühlen - Unaufmerksam sein - Besprechungen oder der Arbeit fernbleiben - Innerlich kündigen - Krank werden

---

[28] In Anlehnung an Doppler und Lauterburg (2002) Change Management: Den Unternehmenswandel gestalten, Campus Verlag: Frankfurt

Die Ursachen für Widerstand sind vielfältig und immergültige Verhaltenstipps gibt es nicht. Es ist aber sinnvoll, sich exemplarisch anhand typischer Ursachen Gedanken darüber zu machen, was die jeweiligen kommunikativen Herausforderungen sind und wo die Unterschiede zwischen verschiedenen Ursachen liegen. Die Verantwortlichen für Kommunikation sollten daher **typische Ursachen für Widerstand aufzeigen und den Umgang damit mit den Führungskräften diskutieren.**

Fehlendes Verständnis für die Veränderung als Ursache für Widerstand

Eine typische Ursache für Widerstand ist, dass die Mitarbeiter die Veränderung rational nicht verstehen. Dies ist in der frühen Phase der Veränderung fast unvermeidlich, denn die Initiatoren des Wandels und die betroffenen Mitarbeiter handeln fast immer auf Basis unterschiedlicher Informationsgrundlagen und Erwartungen. Die Mitarbeiter glauben daher nicht an eine Lösung des Problems durch die Veränderung oder nehmen sogar eine Verschlechterung dadurch an. Entweder fehlen den Mitarbeitern Informationen über die Veränderung bzw. die notwendigen Hintergrundinformationen zur Einordnung in den Kontext oder die vorhandenen Informationen sind nicht glaubwürdig bzw. werden einfach anders interpretiert.

Geeignete kommunikative Reaktion auf fehlendes Verständnis der Veränderung

Das Ziel der Kommunikation ist in diesem Fall klar: Durch Bereitstellung der benötigten Informationen auf geeigneten Wegen muss Verständnis für die Veränderung aufgebaut werden.

- Grundsätzlich sinnvoll ist daher die Wiederholung der Kernbotschaften über verschiedene Kommunikationskanäle.
- Durch Verwendung unterschiedlicher Darstellungsweisen (beispielsweise Text, Grafiken, Beispiele, personalisierte Kurzgeschichten, Konkurrenzvergleiche oder Metaphern) werden die Bedürfnisse verschiedener Persönlichkeits- und Lerntypen berücksichtigt.

- Falls die Notwendigkeit der Veränderung nicht eingesehen wird, kann man auch aufzeigen, was geschehen wird und was die Mitarbeiter verlieren werden, wenn nichts verändert wird. Denn die meisten Menschen haben kein Problem damit, nicht zu gewinnen, aber sie wollen auf keinen Fall verlieren.

Da der Grund für den Widerstand in diesem Fall rationaler Natur ist, helfen rationale Argumente. Versuchen Sie aber auch, sich in die Mitarbeiter hineinzuversetzen. Bei emotionaler Betroffenheit werden logische Argumente schwerer als sonst verstanden.

- Nutzen Sie die Möglichkeit des Dialogs. Fragen Sie, was genau nicht verstanden wurde und welche Informationen noch benötigt werden.
- Seien Sie sich im Klaren, dass Sachargumente gerne auch einmal vorgeschoben werden, weil die wahre Ursache für den Widerstand dem Mitarbeiter selber nicht bewusst ist oder der Mitarbeiter die wahre Ursache nicht ansprechen möchte.

Angst vor Verlust als Ursache für Widerstand

Eine weitere typische Ursache für Widerstand ist, dass die Mitarbeiter die Veränderung emotional nicht akzeptieren. Sie haben Angst vor dem Verlust von Aspekten des Arbeitslebens, die sie liebgewonnen oder an die sie sich zumindest gewöhnt haben. Gängige Verlustängste begründen sich auf den Verlust von Status, Macht, sozialen Netzwerken, Komfort, Handlungs-spielraum, Zukunftsoptionen, Richtungen oder Kompetenzen. Je höher die Verlustängste, desto größer ist der zu erwartende Widerstand gegen die Veränderung. Die Angst der Mitarbeiter basiert dabei auf ihrer subjektiven Wahrnehmung der Situation und es spielt anfangs keine Rolle, ob die Befürchtungen der Mitarbeiter begründet sind oder nicht.

Geeignete kommunikative Reaktion auf Angst vor Verlust

Da die Angst vor Verlust emotionaler Natur ist, ist die Kommunikationsaufgabe eine ganz andere als bei der vorherigen Ursache und schwieriger. Zudem wirken die Ansätze für den

Umgang mit rationalem Widerstand so gut wie gar nicht oder machen die Situation sogar noch schlimmer, weil sich die Mitarbeiter nicht verstanden und nicht wertgeschätzt fühlen. Schlüssel zum Erfolg bei dieser Ursache von Widerstand ist – mehr noch als bei allen anderen Ursachen von Widerstand – die dialogorientierte Kommunikation.

Zuerst sollte herausgefunden werden, welcher Verlust befürchtet wird. Wenn der Verlust zwar befürchtet ist, real aber nicht eintreten wird, kann dies dementsprechend kommuniziert werden. Falls der Verlust real ist, wenn also beispielsweise der Standort und die Arbeitsmethode gewechselt werden müssen, dann ist es erst einmal wichtig zuzuhören: Was bedeutet dieser Verlust für den Mitarbeiter? Alleine durch das aktive Zuhören kann eine Führungskraft Verständnis für die Verlustangst eines Mitarbeiters zeigen. Die Mitarbeiter fühlen sich durch dieses Führungsverhalten in der Regel wertgeschätzt und stehen alleine dadurch der Veränderung offener gegenüber. Zusätzlich kann man aufzeigen, was sich nicht verändert, um den Verlust zu kompensieren. Alternativ kann der Verlust im Sinne eines Reframing auch als Chance dargestellt werden. Eine diesbezügliche Kommunikation sollte aber erst nach einem empathischen Dialog über die Veränderung und den Widerstand erfolgen. Ansonsten würde dem Mitarbeiter wieder eine Sichtweise aufgedrückt, für die er noch nicht bereit ist, weil er das Alte noch nicht losgelassen hat.

Die besondere Herausforderung bei dieser Ursache von Widerstand liegt auch darin, dass Unternehmen ihre Mitarbeiter in der Regel nicht ermutigen, ihre Gefühle auszudrücken, und dass nur sehr wenige Führungskräfte es vorleben. Bei Veranstaltungen – und wahrscheinlich bei allen Kommunikationsmaßnahmen mit mehr als drei Teilnehmern – werden die Mitarbeiter also immer nur ihre Verständnisfragen stellen und hoffen, dass ihr eigentliches Bedürfnis, ihre Gefühle zu äußern, von den Verantwortlichen zwischen den Zeilen erkannt wird. Wahrscheinlich wird dieses Bedürfnis aber unbefriedigt bleiben. Und manchen Mitarbeitern wird nicht einmal bewusst sein, dass sie sich im emotionalen Modus befinden und ihre Gedanken stark durch ihre Gefühle beeinflusst sind. Auch hierfür gibt es natürlich geeignete Kommunikationsmaßnahmen. Nicht dass wir uns falsch verstehen, aber es gehört viel Zeit und Aufwand dazu, solche Maßnahmen für konkrete Projektsituationen zu spezifizieren und dann die Entscheider im Projekt sowohl von der Notwendigkeit der Maßnahme als auch von der Notwendigkeit einer aktiven Rolle zu überzeugen, in der sie über ihre eigenen Gefühle reden.

Fehlendes Vertrauen in die Führungskräfte als Ursache für Widerstand

Fehlendes Vertrauen ist eine weitere typische Ursache für Widerstand. Die Mitarbeiter haben Angst, dass die Führungskräfte die Veränderung initiiert haben, um die Mitarbeiter auszunutzen. Oder weniger extrem: Die Mitarbeiter glauben einfach die Informationen nicht und verstehen deswegen die Veränderung bzw. deren Vorteile nicht. Dieser Widerstand ist insbesondere dann zu erwarten, wenn die Mitarbeiter den politischen Rahmenbedingungen misstrauen. Für den Umgang mit dieser Ursache von Widerstand gibt es zwei Ansätze: Kompensation des fehlenden Vertrauens durch Einsatz vertrauenswürdiger Kommunikatoren und Aufbau von Vertrauen durch die Verantwortlichen.

Geeignete kommunikative Reaktion zur Kompensation von fehlendem Vertrauen

Aus unserer Sicht erfolgversprechender bei dieser Ursache für Widerstand ist zumindest bei größeren Projekten der Ansatz, fehlendes Vertrauen durch Einsatz glaubwürdiger Kommunikatoren zu kompensieren. In Frage kommen hierfür im Prinzip alle Meinungsführer auf allen Ebenen des Unternehmens.

Die Aufgabe der Kommunikationsverantwortlichen besteht in erster Linie darin, das fehlende Vertrauen zu erkennen und zurückzuspiegeln, um anschließend das Go für die Anpassung der Kommunikationsmaßnahmen zu erhalten. Sowohl das mittlere Management mit Bezug zum Standort als auch der

Betriebsrat als gewählter Vertreter der Mitarbeiter als auch lokale Projektmitarbeiter können bestimmte Inhalte der Veränderung ohnehin glaubwürdiger rüberbringen. Die Glaubwürdigkeit eines Kommunikators hängt dabei auch stark von der jeweiligen Maßnahme ab.

Geeignete kommunikative Reaktion zum Aufbau von Vertrauen

Während der Aufbau von Vertrauen einerseits unersetzlich ist, bleibt andererseits während des Veränderungsprozesses nur selten ausreichend Zeit dafür. Denn Vertrauen kann man zwar schnell zerstören, aber nur sehr langsam aufbauen.[29] Dennoch gibt es einige kleine Schritte, die auch während einer aktuellen Veränderung umgesetzt werden können.

Wenn das geringe Vertrauen aufgrund eines Vertrauensbruchs in der Vergangenheit besteht, müssen sich die betreffenden Personen öffentlich hierfür entschuldigen und dies auch ehrlich meinen. Keine weitere Kommunikation durch diese Personen ohne öffentliches *mea culpa*. Alle Versprechen und Ankündigungen, die von da an gemacht werden, sollten auch eingehalten werden können. Im Zweifel sollte man etwas vorsichtiger mit seinen Versprechungen sein. Dies gilt übrigens auch für die Kommunikationsverantwortlichen selbst. Beispielsweise sollte eine Kommunikationsmaßnahme, die angekündigt wird, auch zum angekündigten Zeitpunkt in angekündigter Form stattfinden. Eine Veränderung der Maßnahme sollte begründet werden.

Ein weiterer möglicher Schritt beim Vertrauensaufbau ist die Teilnahme an Veranstaltungen und Kaminabenden oder Besuche am Arbeitsplatz der Mitarbeiter: im Prinzip alles, was den Mitarbeitern die Möglichkeit gibt, die oberen Führungskräfte persönlich zu erleben, anstatt immer nur von ihnen und ihrem angeblichen Fehlverhalten zu hören.

---

[29] Trotz der Komplexität des Themas Vertrauen haben wir hier nur wenige ausgewählte Verhaltenstipps vorgestellt. Für eine umfassendere Darstellung sei der interessierte Leser beispielsweise auf Covey S (2008) The Speed of Trust, Free Press, New York, verwiesen.

Last but not least darf man sich natürlich auch gerne mal von den Menschen beeinflussen lassen, die Widerstand gegen die selbst entwickelte Veränderung leisten. Wer Kritik ernst nimmt und sein Verhalten an die Wünsche der Mitarbeiter anpasst, punktet doppelt. Allerdings warnen wir davor, diese Tipps unreflektiert umzusetzen, denn plötzliche Verhaltensänderungen – selbst wenn von Herzen kommend und ernst gemeint – werden erst einmal misstrauisch beachtet. Gegebenenfalls kann ein Coaching für die nicht-vertrauenswürdigen Verantwortlichen sinnvoll sein, um anlassbezogen die mögliche Wirkung ihres Verhaltens auf ihre Glaubwürdigkeit zu besprechen.

Zusammenspiel von Kommunikationsverantwortlichen und Führungskräften beim Umgang mit Widerstand

In Bezug auf alle Ursachen für Widerstand liegt die Verantwortung auf der individuellen Ebene beim direkten Vorgesetzten, der seine Mitarbeiter gerade in Zeiten der Veränderung führen muss. Die Führungskraft muss:

1. Anhand von Symptomen den Widerstand erkennen
2. Die Ursache herausfinden
3. Entsprechend der Ursache auf den Widerstand eingehen

Im Extremfall obliegt schließlich der direkten Führungskraft auch die Androhung von Konsequenzen oder die Entscheidung über den Verbleib im Unternehmen.

Auf der organisationalen Ebene sollten die Kommunikations-verantwortlichen alle Ursachen für Widerstand bei der Planung der zentralen Maßnahmen berücksichtigen. Beispielsweise muss ausreichend viel Dialogkommunikation zentral organisiert und dezentral sichergestellt werden. Die Führungskräfte müssen gegebenenfalls mit Coaching oder Training für den Umgang mit Widerstand sensibilisiert und fit gemacht werden.

Stakeholderanalyse und -management

Stakeholder sind alle Gruppen oder Einzelpersonen, die ein konkretes Interesse am Ausgang des Projekts haben. Dieses Interesse ist allerdings nicht zwingend der Projekterfolg im Sinne der Projektverantwortlichen. Dementsprechend sind die Einstellung und das Verhalten dieser Interessengruppen aktiv durch Kommunikation zu beeinflussen. Hierbei bietet sich ein Vorgehen in drei Schritten an: Stakeholder identifizieren, dann priorisieren und schließlich Maßnahmen ableiten (Abbildung 6.5).

Abbildung 6.5: Vorgehen beim Stakeholder Management [30]

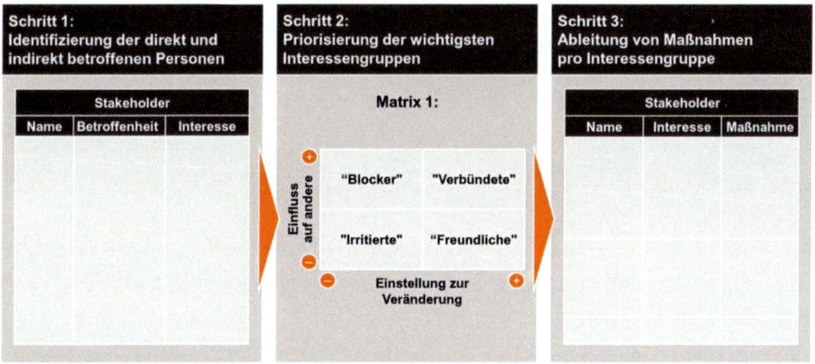

Im ersten Schritt werden die Stakeholder identifiziert. Dann wird beschreiben, wie die Stakeholder von der Veränderung betroffen sind und welche Interessen sie haben.

Im zweiten Schritt werden der Grad der Zustimmung und der Grad des Einflusses auf andere Stakeholder analysiert und in der Stakeholder Map veranschaulicht. Die Stakeholder Map zeigt auf einen Blick, ob ein Projekt breite Unterstützung genießt oder mit Widerstand konfrontiert wird (Abbildung 6.6). Die Position der einzelnen Gruppen auf der Stakeholder Map liefert einen ersten Eindruck, wie die Einbindung der betroffenen Gruppen und die Kommunikation mit ihnen gestaltet werden könnte und welche Prioritäten hierbei gesetzt werden sollten. Die Lücke zwischen aktueller und gewünschter Position in der Matrix verdeutlicht den

---

[30] Eigene Darstellung der change FACTORY GmbH München

Handlungsbedarf in Form von Kommunikations- und weiteren Change Management Maßnahmen. Bei wiederholter Anwendung zeigt der Vergleich der aktuellen Position der einzelnen Stakeholder mit ihrer ursprünglichen Position, ob die durchgeführten Maßnahmen den gewünschten Effekt erzielt haben.

Abbildung 6.6: Arbeitsvorlage zur Erstellung einer Stakeholder Map [31]

Im dritten Schritt werden Ideen generiert, wie wichtige Stakeholder mit geeigneten Kommunikationsmaßnahmen von ihrer aktuellen zur gewünschten Position auf der Stakeholder Map bewegt werden können. Die Priorisierung richtet sich dabei im Wesentlichen nach zwei Aspekten. Erstens benötigt ein Projekt ausreichend viele Verbündete. Falls sich noch nicht ausreichend viele Menschen oben rechts befinden, müssen daher Personengruppen z.B. durch Überzeugungsarbeit von oben links nach oben rechts bewegt werden. In seltenen Fällen können auch Personengruppen von unten rechts nach oben rechts bewegt werden. Dies ist jedoch weniger ein Fall für die Kommunikation, sondern eher für den gezielten Einsatz von Macht und die Verankerung von neuen formellen Positionen in der organisatorischen Struktur. Zweitens dürfen oben links nicht allzu viele Personen stehen, die einen erheblich (negativen) Einfluss auf wichtige Zielgruppen im unteren linken Quadranten ausüben. Häufig sind dies mittlere Vorgesetzte, die nicht ausreichend positiven Einfluss auf ihre Mitarbeiter ausüben.

---

[31] In Anlehnung an TowersPerrin (2000)

Treibende und hemmende Kräfte (Kraftfeldanalyse)

In jeder Organisation gibt es Kräfte, die den Wandel vorantreiben, und Kräfte, die den Wandel verhindern. Mit der sogenannten Kraftfeldanalyse[32] können diese treibenden und hemmenden Kräfte analysiert und somit hilfreiche Informationen für die Planung der Kommunikation gewonnen werden. Die Annahme ist, dass die beiden Kräfte in normalen Zeiten gleich groß und damit im Gleichgewicht sind. Um eine Veränderung herbeizuführen, müssen daher die treibenden Kräfte erhöht und/oder die hemmenden Kräfte reduziert werden. Das Problem dabei ist, dass die Ankündigung einer Veränderung vorübergehend einen natürlichen Anstieg der hemmenden Kräfte bei den betroffenen Mitarbeitern verursacht. Dabei gibt es Faktoren, die wir kommunikativ beeinflussen können, und Faktoren, die wir nicht beeinflussen können.

Abbildung 6.7: Kraftfeldanalyse nach Lewin

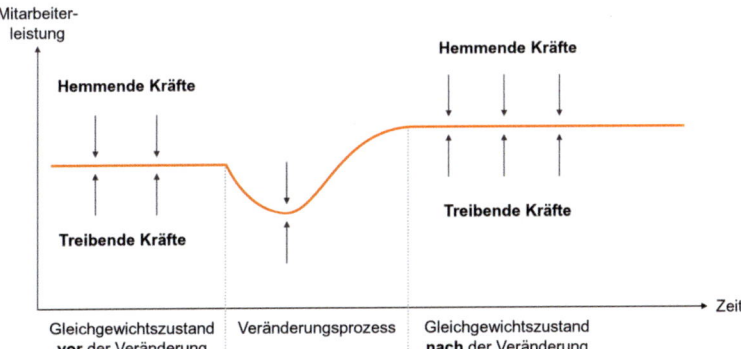

---

32   Der Begriff „Kraftfeldanalyse" bzw. „Force Field Analysis" wurde vom Soziologen Kurt Lewin geprägt. Er hat sich intensiv mit der Planung und Durchführung von Veränderungsprozessen beschäftigt. Sein Standardwerk zum Thema in der Erstausgabe der Zeitschrift Human Relations ist Lewin K (1947) Frontiers in group dynamics: Social equilibria and social change, Human Relations, Vol.1, No.1, pp.5-41.

Die einfachste Anwendungsmöglichkeit der Kraftfeldanalyse ist eine Tabelle mit zwei Spalten, in die links die treibenden Kräfte und rechts die hemmenden Kräfte eingetragen werden. Wir setzen dieses Instrument in fast allen Projekten ein, weil es mit wenig Aufwand interessante Erkenntnisse bringt. Da es typische Treiber (beispielsweise Anstieg der Verantwortung) und Barrieren (beispielsweise negative Einstellung aufgrund schlechter Erfahrung) in allen Projekten gibt, können Kraftfeldanalysen aus früheren Projekten zusätzlichen Input liefern. Auch zwischen den einzelnen Zielgruppen eines Projekts wird es natürlich Überlappungen geben. Je nach Art des Projekts und Anzahl der Faktoren kann zudem eine Bewertung der Treiber und Barrieren hinsichtlich ihrer Bedeutung für den Projekterfolg sinnvoll sein.

Abbildung 6.8: Beispiele für treibende und hemmende Faktoren

Treibende Kräfte	Hemmende Kräfte
- Veränderungsdruck von den Kunden - Mehr Gestaltungsspielraum - Entlastung von administrativen Aufgaben durch neues IT-System - Einbeziehung der Mitarbeiter von Anfang an - Klare Projektdefinition und eindeutige Aufgabenzuteilung - Akzeptanz der Projektteammitglieder im ganzen Unternehmen - Erste sichtbare Erfolge der Veränderung im eigenen Bereich	- Angst vor Mehrarbeit - Festgefügte Verhaltensnormen - Überlastung der Mitarbeiter - Schlechte Erfahrung mit früheren Veränderungsprojekten - Angst, Fehler zu machen - Mangelndes Vertrauen in die Verantwortlichen für die Veränderung - Standortwechsel wirkt sich extrem auf das Privatleben aus - Kaum Erfahrung mit Feedback

Die Anwendung dieses Instruments ermöglicht uns die Planung von Kommunikationsmaßnahmen, die gezielt treibende Kräfte stärken und hemmende Kräfte reduzieren. Dabei ist hinsichtlich der Verwendung für die Kommunikation die oben erwähnte Unterscheidung in beeinflussbare und nicht beeinflussbare Faktoren wichtig. Wenn beispielsweise erste Erfolge vorhanden sind, können diese auf einer lokalen Informationsveranstaltung von den beteiligten Mitarbeitern selber vorgestellt und anschließend standortübergreifend in monatlichen Newslettern „vermarktet" werden. Die Sichtbarkeit ist also beeinflussbar. Nicht beeinflussbar sind dagegen schlechte Erfahrungen der Mitarbeiter. Dennoch können wir auf diesen Faktor kommunikativ eingehen, indem wir das aktuelle Projekt von vergangenen Projekten abgrenzen und glaubwürdig begründen, warum dieses Projekt erfolgreich sein wird und warum sich das Management an seine Zusagen halten wird.

In Projekten versuchen wir stets, für jeden vermuteten Treiber und jede vermutete Barriere eine geeignete kommunikative Lösung zu finden: sei es durch Planung einer konkreten Kommunikationsmaßnahme, durch Aufnahme des Faktors in den Inhalt bereits geplanter Maßnahmen oder durch Sensibilisierung der beteiligten Kommunikatoren (beispielsweise aller oberen Führungskräfte oder der Redner einer bestimmten Veranstaltung) für diesen Punkt.

Erfolgsfaktoren und Phasen nach Kotter

Harvard Business School Professor John Kotter ist einer der meistzitierten Autoren zum Thema Change Management. [33] In Ergänzung zu den bisher vorgestellten Analysen können wir anhand seiner acht Erfolgsfaktoren grundsätzliche Kommunikationsaufgaben und Kommunikationsmaßnahmen für die verschiedenen Phasen einer Veränderung ableiten (siehe Abbildung 6.9).

Abbildung 6.9: Kommunikation entlang der Erfolgsfaktoren nach Kotter [34]

Schritt	Wesentliche Aufgaben der Change Kommunikation	Mögliche Maßnahmen der Change Kommunikation
1 Bewusstsein für die Notwendigkeit und Dringlichkeit der Veränderung schaffen	- Informationsfluss von internen und externen Meinungsmachern zum Top-Management intensivieren - Darstellung des Risikos, wenn Veränderung nicht stattfindet	- Information über Trends durch die Regelkommunikation - Vorträge durch externe Experten - Managementbriefe - Kommentare der Geschäftsführung in Mitarbeiterzeitschrift - Fokusgruppen zur Wahrnehmung der Situation durch die Mitarbeiter

---

[33] Jeder Change Management Berater sollte Kotters Werke zu den acht Erfolgs- und Misserfolgsfaktoren gelesen haben. Zur Auswahl stehen eine Übersicht als Artikel in Kotter JP (1995) Leading change: Why transformation efforts fail, Harvard Business Review, Vol.73, No.2, pp.59-67, eine ausführliche Version als Buch Kotter JP (1996) Leading Change, Harvard University Press: Boston und eine ansprechende Version als Parabel in Kotter JP and Rathgeber H (2005) Das Pinguin Prinzip. Trotz gelegentlicher Kritik an der fehlenden theoretischen und empirischen Fundierung seiner Aussagen empfehlen wir sein Werk zur Orientierung.

[34] Die Ausführungen basieren unter anderem auf den Seiten 37-57 in Pfannenberg (2003). Zudem geht unser Dank an Frank Strümpfel, der dieses Thema in seiner Diplomarbeit aufgearbeitet hat.

Schritt	Wesentliche Aufgaben der Change Kommunikation	Mögliche Maßnahmen der Change Kommunikation
2 Eine starke Führungskoalition aufbauen	- Informationen über die Meinungen und Einstellungen der Stakeholder beschaffen - Plattformen für die Präsentationen und Gespräche der Change Verantwortlichen installieren - Veränderungs- und Leidensdruck erhöhen	- Workshops - Motivations-veranstaltung - Runde Tische - Beratung und Coaching des Managements - Team Building Workshops
3 Eine Vision und Strategie entwickeln	- Einbeziehung interner und externer Stakeholder - Mitarbeit bei Entwicklung von Vision und Veränderungsstrategie - Change Kommunikation aufsetzen - Erstinformation der Zielgruppen über Projekt	- Workshops / Klausurtagungen - Berichte (inkl. Hintergründe) und Interviews (persönlich) zum Projektstart in Mitarbeitermedien - Vorlagen für Vision, Mission und Leitbild
4 Die Vision der Veränderung kommunizieren	- Intensive Information über die Vision der Veränderung - Foren für interaktive Kommunikation bereitstellen - Change Kommunikation in den Teilprojekten verankern - Management in deren Kommunikations-aufgabe unterstützen - Start des Monitoring zur laufenden Optimierung der Kommunikation	- Roadshows und Infotage - Öffentliche Projektablage: Protokolle, Präsentationen, ... - Newsletter - Intranet - Mitarbeiterzeitung - Flyer und Poster zur Sensibilisierung - Schwarzes Brett - Symbolische Handlungen des Top Managements - Give aways
5 Mitarbeiter ermutigen, die neue Vision zu leben	- Zu Risikobereitschaft und ungewöhnlichen Handlungen ermutigen - Mobilisierung von Unterstützern der Veränderung - Interaktive Kommunikation mit allen Stakeholdern	Wie bei 4. plus - Ideenwettbewerb - Best Pratices verbreiten - Persönliche Auszeichnungen und Sanktionen - Vorleben durch Top Management („Walk the talk")

Schritt	Wesentliche Aufgaben der Change Kommunikation	Mögliche Maßnahmen der Change Kommunikation
6 Planen und schaffen von kurzfristigen Erfolgserlebnissen	- Auf die Notwendigkeit von sichtbaren Erfolgen verweisen - Success Stories schreiben - Kommunikation der ersten Erfolgserlebnisse	Wie bei 4./5. plus - Porträts von Veränderungsmanagern und Multiplikatoren - Kommunikation von Kennzahlen - Externe Anerkennung in internen Medien
7 Die Erfolge konsolidieren und weitere Veränderungen anstoßen	- Gefühl für die Dringlichkeit der Veränderung wach halten - Erfolge und neue Problemfelder kommunizieren - Vision weiter konkretisieren und Transformationswege aufzeigen - Neue Personalentwicklungskonzepte und Vergütungssysteme transparent machen	Wie bei 4./5./6. plus - Kommentare oder Interviews mit Kunden in internen Medien - Marktentwicklungen - Kommunikation der Projektergebnisse im Geschäftsbericht - Interview mit Geschäftsleitung in Business TV oder Mitarbeiterzeitung
8 Die neue Vorgehensweise institutionalisieren und in der Unternehmenskultur verankern	- Allen Stakeholdern die Beziehung zwischen neuem Verhalten und Unternehmenserfolg aufzeigen - Neue Normen und Werte nach innen und außen kommunizieren	- Abschlusspräsentation des Projektes mit Bericht - Abschlussfeier Projektteam - Befragung von Mitarbeitern & Führungskräften zu den neuen Leitsätzen - Broschüre / Datenbank zu diesen Leitsätzen

Kapitel 7

Kommunikationsmaßnahmen im Überblick

Die Auswahl und Ausgestaltung von Maßnahmen ist die eigentliche Herausforderung in der Veränderungskommunikation. Denn am Ende müssen konkrete Maßnahmen umgesetzt werden. Die betroffen Mitarbeiter bekommen ja nicht eine Botschaft verabreicht, sondern lesen einen Newsletter oder nehmen an einer Informationsveranstaltung teil.

Hilfreich ist aus unserer Erfahrung, wenn Sie bei der Planung für alle wesentlichen Ziele und Phasen des Kommunikationsprozesses auf erprobte Maßnahmen zurückgreifen können. Daher stellen wir Ihnen in diesem Kapitel 61 Kommunikationsmaßnahmen zum Nachschlagen vor.

Persönliche Kommunikation

1. Managementkaskade (mit Abteilungs- und Teambesprechungen)
2. Einzelgespräch zwischen Mitarbeiter und Vorgesetztem
3. Präsentation in bestehenden Gremien
4. Präsentation bei bestehenden Veranstaltungen
5. Kickoff Veranstaltung
6. Lokale Informationsveranstaltung
7. Roadshows
8. Führungskräftetagung
9. Open Space
10. World Cafe
11. Betriebsversammlung (mit/durch Arbeitnehmervertretung)
12. Dialogrunden
13. Go Live Event
14. Rede/Vortrag des Vorstands/Geschäftsführers
15. Fachvortrag bzw. Vortragsreihe
16. Commitment Act
17. Kaminabend
18. Präsentation über Veränderungsprojekt in Trainings
19. Infostand (Ausstellung, Wanderausstellung)
20. Informelle Gespräche des oberen Managements
21. Business Lunch
22. Standortbesichtigung
23. Projektsprechstunde im Projektbüro
24. Zentraler Ansprechpartner für das Projekt am Standort
25. Coaching für obere Führungskräfte
26. Kommunikationstraining für mittlere Führungskräfte
27. Arbeitskreis Kommunikation für das Projekt
28. Betriebsfeier (After Work Event)
29. Multiplikatorenansatz
30. Unternehmenstheater (Business Theater)

Printmedien

31. Standardpräsentation (Talksheet, Nutzenargumenter)
32. FAQ (Häufig gestellte Fragen)
33. Broschüre (Booklet, Magazin)
34. Flyer (Faltblatt)
35. Plakat (Poster)
36. Artikel in Mitarbeiterzeitschrift
37. Schwarzes Brett
38. Projektfeedbackbox (Kommentarbox, Kummerkasten)
39. Brief (Rundschreiben, Managementletter)
40. Kommunikationskit (Werkzeugkasten, Kommunikationspaket)
41. Fortschrittsbericht
42. Arbeitshilfe (Job Aid, Fibel, Jogger)
43. Beitrag im Geschäftsbericht
44. Interne Verwendung externer Kommunikationsbeiträge

Elektronische Kommunikation

45. Intranetauftritt des Projekts
46. Newsletter
47. Diskussionsform im Intranet
48. Moderierter Chat im Intranet
49. Quick Poll
50. Aktuelles im Intranet
51. Email
52. Blog
53. Business TV
54. Videobotschaft des Vorstands
55. Bildschirmschoner (Screensaver)
56. Öffentliche Projektdokumentation

Sonstige

57. Projektlogo und -slogan
58. Kommunikationsrichtlinie und -vorlage
59. Give-away
60. Gewinnspiel
61. Wettbewerb

1. Managementkaskade mit Abteilungs- und Teambesprechungen

Kurz-beschreibung	Institutionalisierte Weitergabe von Informationen und Diskussion von oben nach unten und von unten nach oben in den regelmäßig stattfindenden Besprechungen auf den verschiedenen Hierarchieebenen: Bereichsleiter-runde, Abteilungsbesprechung, Teamsitzung, ...
Zielgruppe	– Führungskräfte – Alle Mitarbeiter
Ziel	– Persönliche Information über die Veränderung durch den direkten Vorgesetzten – Missverständnisse beseitigen und Gerüchte entkräften – Weitergabe von Feedback der Mitarbeiter zur Veränderung an die Verantwortlichen – Setzen von Handlungsimpulsen durch maßgeschnei-derte Information für den jeweiligen Bereich
Timing	– Regelmäßig (Wöchentlich, alle 2 Wochen, monatlich) – Zeitnahe Weitergabe der Informationen vom Top Management bis zur untersten Ebene
Feedback-möglichkeit	– Direkt während der Besprechung – Kurze Feedbackrunde am Ende der Besprechung
Vernetzung mit anderen Maßnahmen	– Bereitstellung einer aktuellen Projektpräsentation – Zwingend durch direkte Kommunikation zwischen Verantwortlichen und betroffenen Mitarbeitern zu ergänzen, um den Stille-Post-Effekt zu minimieren – Diskussion von Inhalten aus FAQ, Newsletter und Intranet in der Besprechung
Ideen für Ausgestaltung	– Ein zentrales Briefing des CEO bildet die Basis für die Kommunikation in den darunter liegenden Runden, um eine einheitliche Kommunikation sicherzustellen. – Klarer Auftrag an den jeweiligen Vorgesetzten, die Information für seinen Bereich herunterzubrechen – Vorbereitung des mittleren Managements auf ihre Aufgabe, weil die Besprechungen sonst tendenziell hierarchiegetrieben sind und dies ist selten so gewollt. – Der Vorgesetzte des Vorgesetzten kann als Gast eingeladen werden, um die Informationen auch einmal persönlich von der nächst höheren Managementebene zu erhalten (ähnlich 3-Ebenen-Gespräch). – Bereitstellung schriftlicher Unterlagen – Der Kommunikationsprozess über die Ebenen kann durch ein Monitoring explizit abgefragt werden, um die Effektivität der Kommunikation sicherzustellen.

2. Einzelgespräch zwischen Mitarbeiter und Vorgesetzten

Kurz-beschreibung	Der Vorgesetzte bespricht mit einem einzelnen Mitarbeiter in einer eigens hierfür angesetzten Besprechung die Rolle dieses Mitarbeiters im Veränderungsprozess. Je nach Status der Veränderung kann das Gespräch z.b. die Vereinbarung von Zielen, Feedback zum Verhalten des Mitarbeiters oder die Wahrnehmung der Veränderung durch den Mitarbeiter beinhalten.
Zielgruppe	– Einzelne Mitarbeiter
Ziel	– Auswirkung der Veränderung auf den einzelnen Mitarbeiter aufzeigen – Handlungsoptionen oder -bedarf festlegen – Feedback zum Verhalten des Mitarbeiters
Timing	– Bei Bedarf – ggf. von allen Führungskräften mit jeweils all ihren Mitarbeitern innerhalb eines bestimmten Zeitraums
Feedback-möglichkeit	– Live im Gespräch (teilweise ist Feedback der Grund für das Gespräch)
Vernetzung mit anderen Maßnahmen	– Ankündigung und Begründung in Teambesprechung, falls Einzelgespräche mit allen Mitarbeitern geführt werden – Einholen von Feedback zu bisher stattgefundenen Kommunikationsmaßnahmen – Sichtweise des Mitarbeiters als Input zu zukünftigen Kommunikationsmaßnahmen
Ideen für Ausgestaltung	– Raum für Fragen des Mitarbeiters lassen. Eventuell ist dies die einzige Möglichkeit für den Mitarbeiter, seine Ängste einmal auszusprechen. – Vorgabe eines Leitfadens zur Orientierung für den Vorgesetzten, falls Einzelgespräche Bestandteil der Veränderung sind. – Essenz aus allen Gesprächen kann in der darauf folgenden Teambesprechung vorgestellt werden, um Gemeinsamkeiten und Unterschiede im Team zu verdeutlichen. – Je nach Erfahrung sollten die Vorgesetzten durch ein Kommunikationstrainings auf diese Aufgabe vorbereitet werden.

3. Präsentation in bestehenden Gremien

Kurz-beschreibung	Je nach Betroffenheit sollten die Mitglieder bestimmter Entscheidungs- und Arbeitsgremien über die Veränderung informiert, in die Veränderungsarbeit eingebunden oder um Entscheidung gebeten werden. Nach Vereinbarung eines Termins wird in einer ohnehin stattfindenden Sitzung die Präsentation und/oder Diskussion über die Veränderung ermöglicht.
Zielgruppe	– Führungskräfte eines bestimmten Bereichs – Verantwortliche für bestimmte Themen (z.B. Prozesse, Einkaufssteuerung, Qualitätssicherung)
Ziel	Hängt vom Gremium und dessen Mitgliedern ab: – Persönliche Information wichtiger Stakeholder – Ins Boot holen und/oder in die Projektarbeit einbinden – Diskussion und gegebenenfalls sofortige Entscheidung zu relevanten Aspekten der Veränderung
Timing	– Bei Bedarf (ggf. auch wiederholt oder regelmäßig)
Feedback-möglichkeit	– Sofort live während der Präsentation – Zufriedenheitsabfrage am Ende des Tagesordnungspunkts
Vernetzung mit anderen Maßnahmen	– Versendung von Informationen vorab – Eigenverantwortliche Nutzung der Pull-Maßnahmen (Intranet, Broschüre, etc) durch Mitglieder des Gremiums – Folgetermin im gleichen Gremium
Ideen für Ausgestaltung	– Wissensstand der Mitglieder vorher abfragen und Präsentation/Diskussion daran ausrichten – Erwartungsabfrage zu Beginn der Präsentation – Gerne werden in diesen Terminen auch „Fallen gestellt": ggf. nicht auf etwas einlassen, was nicht geplant war. – Folgetermin sofort vereinbaren, auch wenn dieser erst in 6 Monaten stattfindet (Signal: „Wir halten Euch auf dem Laufenden und binden Euch ein"). – Präsentation in Sprache, Detailtiefe und auch Auftritt (konservativ, aggressiv, salopp, ...) an Zielgruppe anpassen.

4. Präsentation bei bestehenden Veranstaltungen

Kurz-beschreibung	Anstatt immer eine eigene Veranstaltung für ein Veränderungsprojekt zu gestalten und zu organisieren, ist das „Aufspringen" auf bestehende Veranstaltungen eine effiziente Möglichkeit der Kommunikation mit den Betroffenen der Veränderung. In Absprache mit den Linienverantwortlichen wird eine Präsentation/Diskussion oder auch eine kurze interaktive Arbeitsrunde in die bestehende Veranstaltung (z.b. Mitarbeiterforum im Entwicklungsbereich oder Betriebsversammlung im Werk) integriert.
Zielgruppe	– Führungskräfte und/oder Mitarbeiter eines bestimmten Bereichs
Ziel	Hängt von den Teilnehmern der Veranstaltung ab: – Persönliche Information einer oder mehrerer Zielgruppen – Diskussion zu den relevanten Aspekten der Veränderung für diese Zielgruppe(n) – Beantworten der Fragen der Teilnehmer
Timing	– Bei Bedarf
Feedback-möglichkeit	– Sofort live während der Präsentation – Als Teil der vorhandenen Veranstaltungsevaluation
Vernetzung mit anderen Maßnahmen	– Versendung von Informationen vorab – Eigenverantwortliche Nutzung der Pull-Maßnahmen (Intranet, Broschüre, etc) durch Teilnehmer der Veranstaltung
Ideen für Ausgestaltung	– Wissensstand der Mitglieder vorher abfragen und Präsentation/Diskussion dementsprechend finetunen – Präsentation inhaltlich und sprachlich an Zielgruppe anpassen – Je nach verfügbarer Zeit vorsichtig mit Fragen während des Vortrags umgehen. Die Kernbotschaften müssen in jedem Fall rüberkommen. Gegebenenfalls Fragen an das Ende verschieben.

5. Kickoff Veranstaltung

Kurz-beschreibung	Großgruppenveranstaltung mit 100 Teilnehmern aufwärts, bei der mit Hilfe verschiedener Methoden den Betroffenen die Veränderung näher gebracht wird. Beinhaltet in der Regel Elemente der Einwegkommunikation (z.B. Reden, Videos, Präsentation) und der Zweiwegkommunikation (z.B. Fragerunden, Informationsmarkt, Kleingruppenarbeit).
Zielgruppe	– Führungskräfte – Alle Mitarbeiter
Ziel	– Ankündigung der Veränderung („Da kommt was") – Gefühl der Dringlichkeit erzeugen („Das muss kommen") – Überblick über die Veränderung („Was kommt?") – Symbolische Markierung des Projektstarts bzw. der Umsetzungsphase – Motivation und Handlungsimpuls durch emotionale Anreicherung des Projekts durch die Veranstaltung
Timing	– Einmalig zu Beginn des Projekts oder Beginn der Umsetzung (in Abhängigkeit von der Art des Projekts)
Feedback-möglichkeit	– Live während der Veranstaltung – Veranstaltungsevaluation im Nachgang
Vernetzung mit anderen Maßnahmen	– Ankündigung und Vorabinformationen mit Flyer, Intranet, Präsentation und/oder Managementkaskade, damit Mitarbeiter nicht von der Veränderung überrascht werden – Anschließend lokale Veranstaltungsreihen zur Detaillierung und laufenden Aktualisierung – Berichte in Intranet, Newsletter, Mitarbeiterzeitschrift, ...
Ideen für Ausgestaltung	– Videobotschaft des Vorstands, wenn dieser nicht bei allen Veranstaltungen dabei sein kann. – Briefing eines Mitarbeiters, die erste Frage zu stellen, um die Diskussion in Gang zu bringen. – Je nach Status der Veränderung Sammeln von Fragen im Vorfeld oder zu Beginn der Veranstaltung, um sie strukturiert/priorisiert beantworten zu können. – Insbesondere die Notwendigkeit der Veränderung gemäß des Bedürfnisses verschiedener Persönlichkeitstypen darstellen: Zahlen/Daten/Fakten, Bilder/Metaphern, Szenario des Unternehmens ohne Veränderung, eine angesehene Person, die sich für die Veränderung einsetzt ...

6. Lokale Informationsveranstaltung

Kurz-beschreibung	Insbesondere bei unternehmensweiten Veränderungen wird es eine Unterscheidung zwischen zentral und dezentral verantworteter Kommunikation geben. Lokale Veranstaltungen sollten dabei die Inhalte der zentralen Kommunikationsmaßnahmen aufgreifen und diese in Bezug auf ihre Auswirkung und Anwendung auf den jeweiligen Standort detaillieren. Die Kommunikation erfolgt durch Projektleiter, lokale Projektmitarbeiter und Führungskräfte des Standorts.
Zielgruppe	– Alle betroffenen MA am Standort – Eventuell auch nur eine bestimmte Führungsebene (z.B. alle Meister in einem Werk)
Ziel	– Präsenz vor Ort zeigen („Projekt X kommt zu den betroffenen Mitarbeitern") – Regelmäßige persönliche Kommunikation zwischen zentralen Kommunikationsmaßnahmen sicherstellen – Möglichkeit zum Dialog bieten – Veränderung im Bewusstsein verankern
Timing	– Einmal nach zentralem Kickoff oder regelmäßig (z.B. alle 2-3 Monate)
Feedback-möglichkeit	– Fragen können während der Veranstaltung gestellt werden – Offene Fragen und Kommentare werden an die Projektleitung weitergeleitet
Vernetzung mit anderen Maßnahmen	– Vertiefung der Inhalte vorheriger zentraler Kommunikationsmaßnahmen (z.B. Kickoff Veranstaltung)
Ideen für Ausgestaltung	– Auswahl der Methoden je nach Thema: Präsentation mit Fragemöglichkeit, Diskussion, Infomarkt, ... – Offene Fragen werden live protokolliert und per Email an den Kommunikationsverantwortlichen gesendet. – Bei größeren Projekten kann auch pro Veranstaltung jeweils ein aktuelles Thema vorgestellt werden: z.B. Überblick über relevante Teilprojekte, genaue Beschreibung des neuen Prozesses A, erster Eindruck des neuen IT Systems, neue Struktur in der Funktion B. – Wichtig ist die Zusage, dass offene Fragen in der nächsten lokalen Informationsveranstaltung beantwortet werden, und dies dann auch so umgesetzt wird.

7. Roadshows

Kurzbeschreibung	Roadshows sind eine Serie von zentral organisierten, aber lokal stattfindenden Veranstaltungen an verschiedenen Standorten in kurzem Zeitabstand zum gleichen Thema mit und von Vertretern der Zentrale bzw. des Projekts. Die konkrete Ausgestaltung hängt vom Stand des Projekts sowie dem Veränderungsziel in Bezug auf die Teilnehmer ab.
Zielgruppe	– Führungskräfte eines Bereichs/Standorts – Alle betroffenen Mitarbeiter eines Bereichs/Standorts – Lokale Projektvertreter
Ziel	– Präsenz vor Ort zeigen („Wir kommen zu Euch") – Persönliche Information mit Feedbackmöglichkeit – Signal setzen: Wir gehen mit Euch in den Dialog – ggf. einheitliches Verständnis erreichen – Mobilisierung und Emotionalisierung
Timing	– Einmalig (als Kickoff oder in kritischer Projektphase)
Feedbackmöglichkeit	– Live während der Veranstaltung – Feedback-Boxen und Karten zum Sammeln
Vernetzung mit anderen Maßnahmen	– Ankündigung z.B. im Intranet und Newsletter – Vorabinformationen per Faltblatt – Verweis auf folgende lokale Veranstaltungen nach dem Motto „Jetzt wird´s konkret"
Ideen für Ausgestaltung	– Kommunikation durch Mischung aus Projektleitung, dezentrale Projektmitarbeiter und lokales Management – Je nach Projektsituation ist die Teilnahme des oberen Managements (Signal: „Ihr seid uns wichtig und wir nehmen uns Zeit für Euch") genauso wichtig wie der Inhalt. – Thematisierung auch kritischer und sensibler Themen, weil im Dialog die Möglichkeit besteht, Missverständnisse auszuräumen oder Befürchtungen zu entschärfen. – Kombination aus Vorträgen, Infomarkt, Diskussionen und Feedback-Forum

8. Führungskräftetagung

Kurz-beschreibung
Ein Tag mit möglichst wenigen Störungen von außen: Führungskräfte erhalten die benötigten Informationen über die Veränderung, diskutieren die einzelnen Aspekte und erarbeiten bzw. verfeinern Lösungsansätze. Im Prinzip unerlässlich bei jeder größeren Veränderung.

Zielgruppe
- Geschäftsführung
- Führungskräfte

Ziel
- Gleichzeitige Information für alle Führungskräfte über Ziele, Vorgehen und aktuellen Stand des Veränderungsprojekts
- Verbesserung der Veränderungsinhalte durch Input aller operativen Einheiten
- Sensibilisierung und Motivation durch aktive Beteiligung an der Planung und Entwicklung der Veränderungsinhalte
- Networking über alle Unternehmensbereiche und Standorte hinweg

Timing
- Einmalig zu Beginn der Veränderung
- Bei langfristigen Veränderungsprojekten zusätzlich regelmäßig (jährlich oder halbjährlich)

Feedback-möglichkeit
- Live während der Veranstaltung
- Im Rahmen der Veranstaltungsevaluation

Vernetzung mit anderen Maßnahmen
- Brief an die Führungskräfte vorab
- Standardpräsentation/Fotodokumentation im Nachgang
- Bericht im Intranet
- Weitergabe der Informationen durch anwesende Führungskräfte an ihre Mitarbeiter

Ideen für Ausgestaltung
- Verhältnis von Informieren, Erarbeiten und Erleben kann variieren
- Vorträge der Geschäftsleitung
- Information über die Notwendigkeit einer Veränderung
- Einordnen der Veränderung in Unternehmensstrategie
- Gemeinsame Weiterentwicklung der Strategie oder des Maßnahmenplans in Workshops
- Rahmenprogramm passend zum Thema der Veränderung
- Expertenvortrag / Gastredner
- Unmittelbares Abstimmen zu wichtigen Themen und Fragestellungen per Live Voting
- Symbolische Handlung als Zeichen des gemeinsamen Willens (z.B. mit Maßnahme Commitment Act)

9. Open Space

Kurz-beschreibung	Ganztägige Veranstaltung zum Ziel und Inhalt der Veränderung mit bis zu 500 Beteiligten und Betroffenen. Die Teilnehmer legen selbst die Tagesordnung fest und bilden daraufhin Arbeitsgruppen. Die Teilnehmer diskutieren hierarchiefrei in diesen Arbeitsgruppen. Dabei können die Teilnehmer die Arbeitsgruppe jederzeit wechseln. Während der gesamten Veranstaltung gelten vier Prinzipien: 1. Prinzip: Alle sind willkommen. 2. Prinzip: Es passiert, was passiert. 3. Prinzip: Es kann zu einem beliebigen Zeitpunkt beginnen. 4. Prinzip: Es ist zu Ende, wenn es zu Ende ist.
Zielgruppe	– Beliebige Kombination aus Beteiligten und Betroffenen der Veränderung
Ziel	– Betrachtung des Problems aus verschiedensten Blickwinkeln – Diskussion und Ideenfindung unter Einbeziehung möglichst vieler Sichtweisen – Intensive Vernetzung der Beteiligten – Nutzung der Kreativität der Stakeholder
Timing	– Ideal zum Auftakt eines Veränderungsprozesses, wenn trotz des top-down Ansatzes die Sichtweise möglichst vieler Personen berücksichtigt werden soll und kann
Feedback-möglichkeit	– Sofort während und nach der Veranstaltung
Vernetzung mit anderen Maßnahmen	– ggf. Vorbereitung mit Präsentationen, Broschüren, Webseite oder Newsletter zur Sicherstellung von ausreichend Wissen über das diskutierte Thema – In jedem Fall Nachbereitung, um die Verwendung des Diskutierten und Erarbeiteten für alle Teilnehmer der Veranstaltung sichtbar vorzustellen
Ideen für Ausgestaltung	– Nur dann durchführen, wenn die gemeinsam erarbeiteten Ergebnisse wirklich irgendwie genutzt werden sollen. Ansonsten entsteht Frustration. – Platzmangel, Dunkelheit und teilweise künstliches Licht behindern die kreative Arbeit und den „Flow". – Entscheidungen der Teilnehmer müssen akzeptiert werden. Sieht das Konzept eine Priorisierungsrunde vor, kann es passieren, wenn die Teilnehmer die nicht priorisierten Ergebnisse z.B. aus dem Raum werfen.

10. World Café

Kurz-beschreibung	Die Teilnehmer nehmen unabhängig von der Gruppengröße an Tischen zu 4-5 Personen Platz (d.h. mindestens 100 Tische bei 500 Personen) und diskutieren aufeinander aufbauende Fragen zur Veränderung. Dabei wechseln die Teilnehmer in einem definierten Rhythmus den Tisch und tragen ihre Ideen in die nächste Gruppe. Dazwischen gibt es offene Runden im Plenum. Dadurch erhält die gesamte Gruppe die Möglichkeit, sich mit allen Themen und Fragen zu beschäftigen. Das World Café ist im Wesentlichen eine Methode und weniger eine Maßnahme. Es besteht jedoch auch die Möglichkeit, halb- und ganztägige Veranstaltungen mit der Methode World Café als zentrales und verbindendes Element zu bestreiten.
Zielgruppe	– Beliebige Kombination aus Beteiligten und Betroffenen der Veränderung – Bei komplexen weltweiten Projekten z.B. auch als Versammlung der Multiplikatoren und Ansprechpartner aus den einzelnen Ländern, Bereichen und Standorten
Ziel	– Grober Überblick über die bevorstehende Veränderung – Intensiver Austausch zu ausgewählten Aspekten der Veränderung – ggf. Erarbeitung von Ideen für das Vorgehen, Lösungsansätzen oder verschieden Szenarien
Timing	– Einmal pro Veränderung bei Bedarf (danach entfällt der Mehrwert der erfrischenden Andersartigkeit der Methode)
Feedback-möglichkeit	– Sinn und Zweck der gesamten Methode und Veranstaltung sind Austausch und Feedback
Vernetzung mit anderen Maßnahmen	– ggf. Vorbereitung zur Sicherstellung von ausreichend Wissen zum Thema des World Cafes – In jedem Fall Nachbereitung, um die Verwendung des Diskutierten und Erarbeiteten für alle Teilnehmer der Veranstaltung sichtbar vorzustellen
Ideen für Ausgestaltung	– Die Teilnehmer sollen schon beim Eintreffen spüren, dass es sich um kein gewöhnliches Treffen handelt. – Die Leitfragen auf die Tische schreiben, um Diskussionen anzuregen. – Mehr unter *www.theworldcafe.com*

118

11. Betriebsversammlung

Kurz-beschreibung	Versammlung aller Mitarbeiter der Betriebsstätte in Kooperation mit der Arbeitnehmervertretung, um über eine bevorstehende oder laufende Veränderung zu informieren und Fragen zu beantworten. Die Einladung und Organisation der ein- bis dreistündigen Veranstaltung erfolgt in der Regel durch den Betriebsrat und die Unternehmensleitung ist „Gastredner". Ausführliche Diskussion ist dabei nicht immer gewollt und je nach Dauer der Veranstaltung auch nur eingeschränkt möglich. Je nach Art der Veränderung (z.B. Restrukturierung verbunden mit Personalabbau) kann eine Betriebsversammlung auch (gesetzliche) Pflicht sein.
Zielgruppe	– Alle Mitarbeiter eines Unternehmens oder Standorts
Ziel	– Einheitliche Information für alle Mitarbeiter direkt von der Unternehmensleitung über: Veränderungsnotwendigkeit und -ziel, allgemeines Vorgehen, Schritte bei der Implementierung, erzielte Erfolge, ... – Motivation der Mitarbeiter durch die Möglichkeit, Fragen zu stellen und Feedback zu geben („mal seine Meinung sagen") – Motivation und Handlungsaufforderung durch die Präsenz des oberen Managements
Timing	– Bei Bedarf
Feedback-möglichkeit	– Sofort während der Veranstaltung
Vernetzung mit anderen Maßnahmen	– Ankündigung und ggf. Berichterstattung in den regelmäßig genutzten Kommunikationskanälen (wie z.B. Intranet, Mitarbeiterzeitung, Newsletter, schwarzes Brett)
Ideen für Ausgestaltung	– Rechtzeitig (und das heißt nicht 2 Wochen vorher) gemeinsam mit der Arbeitnehmervertretung das Ziel und die Gesamtdramaturgie der Veranstaltung vereinbaren. – Gemeinsamer Auftritt von Geschäftsführung und Arbeitnehmervertretung (z.B. als Podiumsdiskussion oder wechselnde Kurzbeiträge zu verschiedenen Aspekten der Veränderung) anstatt Redeblöcke. – Anpassung des Auftritts der Geschäftsleitung an die Rolle des Betriebsrats im Veränderungsprozess und dessen Meinung: Miteinander oder gegeneinander?

12. Dialogrunden

Kurz-beschreibung	Ca. 2-stündige Versammlung von 20-30 Mitarbeitern mit Informationen zu den wichtigsten Themen des Veränderungsprozesses zu Beginn der Veränderung. Nach Vorstellung des Projektteams werden die wesentlichen Inhalte der Veränderung präsentiert und anschließend diskutiert.
Zielgruppe	– Projektmitarbeiter – ausgewählte Vertreter verschiedener Zielgruppen
Ziel	– Vermittlung aller wichtigen Informationen zum Projekt an Multiplikatoren innerhalb des Unternehmens – Feedback und Input zum Veränderungsprojekt – Stimulierung und positive Beeinflussung der informellen Kommunikation über das Projekt
Timing	– Einmalig zu Beginn der Veränderung – Regelmäßig als informelles Feedbackinstrument
Feedback-möglichkeit	– Sofort während Veranstaltung
Vernetzung mit anderen Maßnahmen	– Vor oder nach einer Großveranstaltung zur Analyse (vorher) oder Steuerung (nachher) der Inhalte der informellen Kommunikationskanäle – Webseite, Broschüre, Newsletter, etc. zur Sicherstellung eines gewissen Basiswissens und aktuellen Stands der Teilnehmer
Ideen für Ausgestaltung	– Es besteht die Gefahr einer geringen Handlungs- bzw. Zielorientierung. Dies kann durch eine Aufforderung zur persönlichen Reflexion über das Gehörte und entsprechendes Verhalten in zukünftigen Kommunikationssituationen beeinflusst werden. – Wenn ausreichend viel Zeit verfügbar ist, können sich die Teilnehmer das Wissen auch aktiv aneignen, indem die wichtigsten Daten zur Verfügung gestellt werden. Dies führt nicht immer zu der gleichen Schlussfolgerung, zu der das Projektteam gekommen ist, aber es erhöht die Identifikation mit dem Projekt und das Vertrauen in die Projektverantwortlichen. – Durch provokative Fragen kann die Diskussion stimuliert werden. – In noch stärker dialogorientierter Form und mit strukturiertem Input zum Projekt ggf. auch bekannt unter „Runder Tisch". – Der Prozess der Teilnehmerauswahl muss für alle transparent sein.

13. Go Live Event

Kurz-beschreibung	Veranstaltung mit großer Teilnehmerzahl zur feierlichen Ankündigung, dass die Veränderung mit sofortiger Wirkung gilt. Teilweise von kurzer Dauer und unterstützt durch einen symbolischen Akt, der den Wandel vom Alten zum Neuen unterstützt (bspw. Erstellung des neuen Organigramms als Mobile). Im Prinzip ist das Go Live Event zu Beginn der Umsetzung das Pendant zum Kickoff Event zu Beginn der gesamten Veränderung.
Zielgruppe	– alle Mitarbeiter – Führungskräfte
Ziel	– Symbolische Markierung der Veränderung im Bereich der Hard Facts – Emotionale Aufladung des Projekts – Motivation durch Präsenz des Top Managements – Überzeugung von Unentschlossenen durch Nutzung der Gruppendynamik
Timing	– Einmalig zum Beginn der Umsetzung der Veränderung: die neue Struktur ist gültig, das neue System ist verfügbar, die neuen Prozesse und Formulare sind ab sofort zu verwenden, …
Feedback-möglichkeit	– Feedbackbogen oder Abfrage am Ende des Events – Elektronische Nachbefragung via Intranet – Rasende Reporter gegen Ende der Veranstaltung, die „live" die Gefühle und Gedanken der Teilnehmer widerspiegeln
Vernetzung mit anderen Maßnahmen	– Vorbereitung durch Plakate, Flyer, Intranet – Live-Übertragung im Business TV – Bericht in der Mitarbeiterzeitung und im Intranet – kann für externe Kommunikation weiterverwendet werden: Internet, Geschäftsbericht, Kundenmedien
Ideen für Ausgestaltung	– Der Nutzen einer kostenintensiven Inszenierung für den symbolischen Teil der Veranstaltung sollte genau geprüft werden. Es sollte kein Geld verschwendet werden, es sollte aber auch nicht an der falschen Stelle gespart werden. – Auch wenn symbolische Akte (bspw. gemeinsames Pflanzen eines Baums als Symbol des Neuen oder öffentliche Bekenntnis zur Veränderung durch alle Anwesenden) von einigen Managern belächelt werden, so ist insbesondere ihre langfristige Wirkung nicht zu unterschätzen.

14. Rede/Vortrag des Vorstandsvorsitzenden/Geschäftsführers

Kurz-beschreibung	Klassische Rede mit oder ohne unterstützende PowerPoint Folien, die entweder als einzelne Veranstaltung oder in der Regel eher als integraler Bestandteil verschiedener Veranstaltungen durchgeführt werden kann.
Zielgruppe	– Beliebig
Ziel	– Dringlichkeit der Veränderung verdeutlichen – Commitment der Unternehmensleitung demonstrieren („Visible Top Management Support") – Orientierung und Ausrichtung des Handelns aller Beteiligten auf die Ziele des Veränderungsprojekts
Timing	– Bei Bedarf (in der Regel periodisch oder zumindest mehr als einmal pro Veränderung)
Feedback-möglichkeit	– Sofort live – Feedback-Karten liegen auf den Plätzen aus – Offene Fragen können beim Herausgehen in Boxen geworfen werden und werden innerhalb einer Woche im Intranet beantwortet.
Vernetzung mit anderen Maßnahmen	– Verweis auf bereits erfolgte Kommunikation zu Beginn des Vortrags – Ausblick auf Folgekommunikation zur Steuerung der Erwartungen der Teilnehmer – Kommunikationscoaching für Redner, denn die Wirkung hängt stark von persönlicher Überzeugungskraft des Redners ab
Ideen für Ausgestaltung	– Verteilung eines Handouts nach der Veranstaltung – evtl. auch Distribution als Video (Video CEO) oder in Ausschnitten/als Bericht in anderen Medien – Da die unmittelbare Führungskraft in der Wahrnehmung der meisten Mitarbeiter die höchste Autorität hat, kann ein Verweis auf Gespräche mit Führungskräften verschiedener Ebenen hilfreich sein. – Der Redner kann auch die Zuhörer auffordern, die relevanten Aspekte der Veränderung vertiefend mit ihrem Vorgesetzten zu besprechen.

15. Fachvortrag bzw. Vortragsreihe

Kurz-beschreibung	Bei Fachvorträgen stellt ein projektinterner Experte (in der Regel der Teilprojektleiter) in 1-2 Stunden einen bestimmten Teilaspekt der Veränderung im Detail vor: beispielsweise eine der neuen Methoden oder eine besonders kritische Schnittstelle im neuen Prozess. Die Teilnehmer haben die Möglichkeit, Fragen zu stellen und mit dem Referenten zu diskutieren.
Zielgruppe	– Direkt betroffene Mitarbeiter (meist eine Zielgruppe) – Alle Interessierten
Ziel	– Die TN haben einen Überblick über die konkreten Veränderungen in Bezug auf einen Teil des Projekts – Die TN sind ausführlich über diesen Teilaspekt informiert – Evtl. sind die TN mehr als vorher von der Notwendigkeit und Richtigkeit dieses Teilaspekts überzeugt – Das Feedback der Teilnehmer ist aufgenommen und wird zur Verbesserung der Projektarbeit verwendet
Timing	– Regelmäßig (zu wechselnden Themen)
Feedback-möglichkeit	– Sofort während des Vortrags – Im eigens für dieses Thema eingerichteten Diskussionsforum auf der Webseite, wo sich auch der Vortrag zum Download befindet
Vernetzung mit anderen Maßnahmen	– Bezug auf vorherige Vorträge nehmen und Ausblick auf kommende Vorträge geben – Sinnvolle Ergänzung zu Informationsveranstaltungen, die mehr in die Breite aber weniger in die Tiefe gehen – Veröffentlichung des Vortrags auf der Webseite im Nachgang
Ideen für Ausgestaltung	– Nicht nur Einzelvorträge sondern gesamte Serie vermarkten, damit neben Wissensaufbau bei Teilnehmern auch eine Sensibilisierung für weitere Betroffene erfolgt. – Einfachen und verbindlichen Zu- und Absageprozess organisieren (z.B. mit elektronischer Plattform), um Veranstaltung steuern zu können (Raum, Plätze, ...). – Notfalls Projektmitarbeiter als Teilnehmer entsenden, um Mindestanzahl an Teilnehmern zu erfüllen. – Bei Download des Vortrags von der Webseite sieht der Teilnehmer die Termine für weitere Vorträge. – Einsatz von Managern oder Projektmitarbeitern des Standorts als Co-Redner erhöht die Glaubwürdigkeit.

16. Commitment Act

Kurz-beschreibung	Symbolische Handlung zur Demonstration des Commitments jedes einzelnen Teilnehmers, den benötigten persönlichen Beitrag zum Erfolg des Veränderungsprojekts zu leisten. Der Kreativität bei der Auswahl der symbolischen Handlung sind dabei keine Grenzen gesetzt. Der Commitment Act findet in der Regel als Teil einer größeren Veranstaltung statt, kann aber auch als Hauptelement zum Beispiel beim Go Live Event eingesetzt werden.
Zielgruppe	– Führungskräfte – alle Mitarbeiter
Ziel	– Positive emotionale Aufladung der Veränderung – Beitrag zum Zusammenhalt des Teams, Bereichs oder Unternehmens – Das Commitment der beteiligten Mitarbeiter für das Veränderungsprojekt wird eingeholt bzw. demonstriert – Der Aktionscharakter durch aktives Einbinden aller Anwesenden demonstriert gleichzeitig die Notwendigkeit von gemeinsamem zielgerichtetem Verhalten
Timing	– Bei Bedarf (wenn die Notwendigkeit einer gruppendynamischen Intervention gesehen wird)
Feedback-möglichkeit	– Sofort während der Veranstaltung – In Form der Qualität und Art des eigenen Einbringens
Vernetzung mit anderen Maßnahmen	– Inhaltliche Workshops zur Vor- und Nachbereitung – Bericht in Intranet, Mitarbeiterzeitschrift, etc. – Aufhängung/Ausstellung des Ergebnisses im Foyer
Ideen für Ausgestaltung	– Die beauftragenden Führungskräfte müssen von der Aktion wirklich überzeugt sein und es darf keine offensichtlichen Störfaktoren geben: Vertrauensbrüche in Vergangenheit oder qualitative Mängel der Veränderung. Gefahr: Die Aktion wirkt sonst zu aufgesetzt. – Professionelle Begleitung der Aktion durch Experten, denn mangelnde ästhetische Qualität der entstandenen Teamsymbole kann Veränderungsprojekte diskreditieren. – Beispiele: Gemeinsam Fahne hissen, Malen eines Bildes, Erstellung eines Mobiles, Erschaffung einer Skulptur, Teamfoto, Erstellen einer Collage, Pflanzen eines Baums als Symbol des Neuen, ... – Möglich ist auch eine Live-Übertragung mit Webcam

17. Kaminabend

Kurz- beschreibung	Bei mehrtägigen Kommunikations- oder Qualifizierungsmaßnahmen findet an einem Abend eine Diskussionsrunde mit einem Vertreter des oberen Managements statt. In der Regel gibt es einen – strukturierten oder unstrukturierten – offiziellen Teil und im Anschluss noch die Möglichkeit zum informellen Austausch.
Zielgruppe	– Führungskräfte – Teilnehmer von Trainings und Workshops – Projektteam
Ziel	– Offene Diskussion durch zwanglose Atmosphäre – Motivation der Teilnehmer durch Präsenz der Geschäftsführung – Persönliche Botschaft und Aufforderung zum Handeln – Erkennen von Barrieren aus Sicht der Teilnehmer und Verwendung bei der weiteren Kommunikationssteuerung
Timing	– Bei Bedarf (auch mehrfach oder als fester Baustein bei einer Workshopreihe)
Feedback- möglichkeit	– Austausch und Feedback sind Sinn des Kaminabends
Vernetzung mit anderen Maßnahmen	– Verweis auf Webseite und geplante Maßnahmen der persönlichen Kommunikation – Nachverfolgung nicht beantwortbarer Fragen und Weiterleitung der Antwort an die Teilnehmer
Ideen für Ausgestaltung	– Bei Bedarf Vorbereitung des Kaminabends (Moderation klären, Fragen sammeln, ...) während des Workshops. – Nicht immer - aber manchmal - ist das im Namen implizierte Ambiente erforderlich oder zumindest förderlich: Kamin, ruhig, ... – Der Gast muss als Person und in seiner Rolle als Vertreter des oberen Managements von den Teilnehmern wahrgenommen und akzeptiert werden. – Am Kaminabend zählt die persönliche Botschaft und das Interpretieren der aktuellen Situation durch die eigene subjektive Brille. Für politische Floskeln ist hier kein Platz, denn es ist ein Widerspruch zur Idee des Kaminabends. – Vorher/anschließend Teilnahme am Abendessen und damit fließender Übergang zum informellen Teil.

18. Präsentation über Veränderungsprojekt in Trainings

Kurz-beschreibung	Bei allen Trainings mit Bezug zum Thema der Veränderung wird eine 30-60-minütige Präsentation integriert. Die Inhalte des Trainings können mit dem Inhalt des Veränderungsprojekts verknüpft werden, wenn dies möglich und in Bezug auf das Ziel des Trainings sinnvoll ist. Die Präsentation erfolgt in der Regel durch einen Projektvertreter.
Zielgruppe	– Alle Mitarbeiter, die am Training teilnehmen (häufig eine bestimmte Zielgruppe des Projekts)
Ziel	– Effizient einen Überblick über die relevanten Aspekte der Veränderung für diese Zielgruppe vermitteln – Inhalte des Trainings am Beispiel des Veränderungsprojekts diskutieren und damit gleichzeitig ein vertieftes Verständnis der Veränderung erzeugen
Timing	– Bei Bedarf (auch mehrfach oder als fester Baustein bestimmter Trainings)
Feedback-möglichkeit	– Am Endes des Vortrags (oftmals aber wenig Zeit)
Vernetzung mit anderen Maßnahmen	– Kaminabend des gleichen Trainings – Nachlesen weiterer Informationen über Projekt nach dem Training in verfügbaren Pull-Kanälen
Ideen für Ausgestaltung	– Beispiel 1: Bei jedem Training für Personalmanager werden die wesentlichen Eckpunkte und der aktuelle Stand der Reorganisation des Personalbereichs durch einen Vertreter des Projektteams vorgestellt – Beispiel 2: Alle Prozessmanagementtrainings im Entwicklungsbereich enthalten eine 45-minütige Präsentation zu Nutzen und möglichem Vorgehen einer abteilungsübergreifenden Prozessoptimierung. Die Präsentation ist Aufhänger für die folgende Diskussion über Erfolgsfaktoren und Hürden im Prozessmanagement. Gleichzeitig werden die Teilnehmer für die bevorstehende Veränderung sensibilisiert.

19. Infostand

Kurz-beschreibung	An viel frequentierten Standorten steht ein Messestand mit Informationen zum Projekt: Säule, Stellwand, Plakat oder Leinwand. Projektvertreter erklären das Projekt und stehen für Fragen zur Verfügung. Zudem liegt Informationsmaterial aus: Flyer, Broschüre, Visitenkarten oder Give-Aways.
Zielgruppe	– alle Mitarbeiter
Ziel	– Die Mitarbeiter werden für die bevorstehende Veränderung sensibilisiert – Die Mitarbeiter kennen die wesentlichen Eckpunkte des Veränderungsprojekts – Die Mitarbeiter werden zur Nutzung der Pull-Kanäle (beispielsweise Webseite) angeregt und können sich für den Newsletter anmelden
Timing	– Einmalig zu Beginn des Projekts – Regelmäßig rotierend an verschiedenen Standorten (mit jeweils aktualisierten Inhalten)
Feedback-möglichkeit	– sofort
Vernetzung mit anderen Maßnahmen	– Ankündigung im Intranet unter Aktuelles und auf der Webseite des Veränderungsprojekts – Verteilung weiterer Materialien über das Projekt
Ideen für Ausgestaltung	– Zur Intensivierung des persönlichen Austauschs sollten die Standvertreter vorbeilaufende Mitarbeiter aktiv ansprechen – Mögliche Standorte: Cafeteria, Betriebsrestaurant, Foyer, Schulungszentrum, Besprechungsräume, ... – Bei wiederholtem Einsatz an verschiedenen Standorten oder im Verlauf der Veränderung rechnen sich die hohen Kosten für die Anschaffung des Infostands eher.

20. Informelle Gespräche des oberen Managements

Kurz-beschreibung	Führungskräfte führen informelle Gespräche mit Mitarbeitern zu Themen des Veränderungsprozesses, wann immer sich hierfür die Möglichkeit bietet: auch bekannt als „management by walking around". Idealerweise werden die Möglichkeiten für Gespräche aktiv herbeigeführt, indem man eine Abteilung besucht oder bei Terminen an Standorten das Gespräch sucht.
Zielgruppe	– Alle Mitarbeiter
Ziel	– Motivation der Mitarbeiter durch persönliche Ansprache durch das obere Management – Signalisierung offener Kommunikationshaltung – Feedback der Mitarbeiter zum Veränderungsprojekt einholen und frühzeitiges Erkennen von Problemen
Timing	– Regelmäßig und so oft wie möglich
Feedback-möglichkeit	– Feedback ist Ziel der Gespräche
Vernetzung mit anderen Maßnahmen	– Periodisch Bericht über die Essenz aus den Gesprächen im Newsletter
Ideen für Ausgestaltung	– Geplante informelle Gespräche sind ein Widerspruch in sich, daher sollten die Gespräche entweder geplant werden (siehe z.B. Kaminabend oder Business Lunch) oder ganz ohne Planung erfolgen. – Der einfachste Weg ist der Besuch am Arbeitsplatz der Mitarbeiter und ein kurzer Wortwechsel in Bezug auf die Veränderung. Man merkt in der Regel schnell, ob der Mitarbeiter bereit ist, über das Thema zu reden oder nicht. – Der Erfolg der „Maßnahme" hängt von der Bereitschaft der Führungskraft ab. Daher müssen die Führungskräfte erstens davon überzeugt werden und zweitens immer wieder daran erinnert werden. – Beispiel: In einer schwierigen Projektsituation in einem Kulturwandel-Projekt bestand meine Hauptaufgabe darin, den Assistenten der Geschäftsführung zu mimen und immer wieder an die Kommunikationsverantwortung im Kontakt mit den Mitarbeitern zu erinnern. Neben der direkten Wirkung dieser Gespräche wurde vor allem der Flurfunk über das Projekt positiv beeinflusst und aufgrund des Engagements der Geschäftsführung das Vertrauen der Mitarbeiter in die Führungskräfte gestärkt.

21. Business Lunch

Kurz-beschreibung	Ein Vorstand oder Senior Manager trifft sich mit ausgewählten Mitarbeitern zum Mittagessen. Das obere Management nimmt sich einfach mal die Zeit, mit verschiedenen Mitarbeitern über die Veränderung zu reden.
Zielgruppe	– Grundsätzlich alle Mitarbeiter – Pro Lunch Gruppen von 5-12
Ziel	– Information über Veränderungsstrategie und -schritte – Motivation durch exklusive Informationen aus erster Hand – Positive Imagebildung und Vertrauensbildung
Timing	– Immer mal wieder oder noch besser fest etablieren
Feedback-möglichkeit	– Feedback ist Sinn des Gesprächs
Vernetzung mit anderen Maßnahmen	– Alle anderen offiziellen Maßnahmen
Ideen für Ausgestaltung	– Zu Beginn des Gesprächs stellt sich der einladende Senior Manager kurz vor und sagt ein paar Sätze über die Veränderung. – Dann wird zum Essen übergegangen und es entsteht ein Dialog über diejenigen Aspekte der Veränderung, an denen die Teilnehmer interessiert sind. – Beim ersten Mal kann sich das Treffen sowohl für die obere Führungskraft als auch für die teilnehmenden Mitarbeiter komisch anfühlen. Gegebenfalls kann dies zu Beginn des Treffens durchaus mit einem Augenzwinkern angesprochen werden. – In erweiterter Form kann das Business Lunch (oder auch Business Frühstück) in Form einer Kurzveranstaltung mit kurzer Präsentation über die Veränderung und anschließendem Beisammensein durchgeführt werden. – Neben Kaminabend und Business Lunch sind alle anderen informellen Kontakte ebenso hilfreich, um die Sichtweise der Mitarbeiter zu verstehen.

22. Standortbesichtigung

Kurz-beschreibung	Bei Veränderungsprojekten, die mit einem Wechsel des Standorts verbunden sind, sind das Unwissen über den neuen Standort bzw. das negative Vorurteil aufgrund von Gerüchten eine häufige Barriere. Die Organisation von Fahrten zum neuen Standort ermöglicht ein persönliches Kennenlernen von Büro und Kollegen, Wohnungen und Häusern sowie der Umgebung allgemein. Die Mitarbeiter können ihre Fragen stellen und sich gegenseitig unterstützen. Als Nebeneffekt können sich die Mitarbeiter untereinander über ihren Umgang mit der Veränderung austauschen.
Zielgruppe	– Alle Mitarbeiter – Familien der Mitarbeiter
Ziel	– Information über den neuen Standort – Vorurteile überwinden – Den neuen Standort „schmackhaft" machen
Timing	– Einmalig in der Phase, in der sich die Mitarbeiter hinsichtlich des Standortwechsels entscheiden müssen.
Feedback-möglichkeit	– Abfrage bei Rückkehr zum alten Standort oder im Nachgang, um folgende Besichtigungen zu optimieren
Vernetzung mit anderen Maßnahmen	– Ankündigung im Intranet – Verteilung einer Informationsbroschüre
Ideen für Ausgestaltung	– Neben der Besichtigung sollten während des Aufenthalts Kontakte zu Experten wie Maklern, Banken, Umzugsfirmen etc. hergestellt werden. – Neben dem strukturierten Teil des Aufenthalts sollten die Mitarbeiter ausreichend viel Zeit für die Erkundung „auf eigene Faust" erhalten. – Möglicherweise bekommen die Mitarbeiter Einsicht in nachteilige Details. Das lässt sich dann nicht ändern, denn der Standort ist, wie er ist. Allerdings kann eine Diskussion über die Wahrnehmung der Mitarbeiter erfolgen und bei Bedarf können „übersehene" positive Aspekte in die Diskussion eingebracht werden. – Standortbesichtigungen können auch bei Veränderungen ohne Standortwechsel eingesetzt werden, um die Vernetzung und Verständigung der Mitarbeiter an verschiedenen Standorten zu fördern.

23. Projektsprechstunde im Projektbüro

Kurz-beschreibung	Schlüsselpersonen des Veränderungsprojekts stehen zu einem definierten Zeitpunkt allen Mitarbeitern des Unternehmens für Fragen zur Verfügung, die sich aus dem Veränderungsprojekt ergeben. Es steht dafür ein Raum zur Verfügung, in dem ungestört geredet werden kann und in dem idealerweise Informationen zum Projekt inklusive Ziel, Zeitplan und geplanten Kommunikationsmaßnahmen aushängen.
Zielgruppe	– Alle Mitarbeiter
Ziel	– Demonstration einer offenen Kommunikationshaltung – Bekundung von Interesse an der Sichtweise der Mitarbeiter – Schnelle unbürokratische Klärung von Fragen und Sorgen im Zusammenhang mit dem Veränderungsprojekt – Informations- und Erfahrungsaustausch zwischen Verantwortlichen und Betroffenen des Projekts sowie über Hierarchieebenen hinweg – Die Kommunikationsverantwortlichen erhalten wichtige Informationen zur Gestaltung der Kommunikation
Timing	– Regelmäßig für die Dauer des Projekts (1-2 Mal pro Woche)
Feedback-möglichkeit	– Kann im Gespräch vom Mitarbeiter angesprochen oder vom Projektverantwortlichen aktiv abgefragt werden
Vernetzung mit anderen Maßnahmen	– Intranet – Projektfeedbackbox
Ideen für Ausgestaltung	– Die Kunst besteht darin, die Mitarbeiter dazu zu bringen, das Angebot wahrzunehmen. Eventuell müssen die Projektverantwortlichen geduldig sein und einige Termine verstreichen lassen. Wenn niemand kommt, kann weitergearbeitet werden. Auf der Webseite oder während einer Veranstaltung sollte dann auf das Angebot verwiesen werden. – Die Chance zur Vermarktung kommt dann, wenn sich die Mitarbeiter über zu wenig Einbindung beschweren. Dann können die Verantwortlichen die Mitarbeiter in die Pflicht nehmen, nicht nur mit dem Finger auf andere zu zeigen, sondern auch die bestehenden Angebote zu nutzen: Hol- und Bringschuld.

24. Zentraler Ansprechpartner für das Projekt am Standort

Kurz-beschreibung	Die Installation eines Ansprechpartners vor Ort für ein Projekt aus der Zentrale entspricht der Schaffung eines zusätzlichen Kanals für die so wichtige persönliche Kommunikation. Die Rolle dieses Ansprechpartners – im Sinne von Sicherstellung der Kommunikation in beide Richtungen – sollte klar definiert und dann am Standort an alle Mitarbeiter kommuniziert werden.
Zielgruppe	– Alle Mitarbeiter
Ziel	– Eine weitere Möglichkeit zu persönlicher Kommunikation und Dialog für die Mitarbeiter des Standorts schaffen – Das Projekt „entmystifizieren", indem es ein Gesicht am Standort bekommt – Feedback zur Veränderung von den dezentralen Standorten an die Zentrale sicherstellen, indem ein Knotenpunkt installiert wird
Timing	– Benennung und Vorbereitung frühzeitig – Einsatz laufend bis ans Ende des Projekts
Feedback-möglichkeit	– Genau dafür ist der Ansprechpartner da
Vernetzung mit anderen Maßnahmen	– Verweis auf Ansprechpartner bei allen Veranstaltungen – Vermarktung von Projektwebseite, Newsletter, etc. durch den Ansprechpartner bei jedem Kontakt mit den Mitarbeitern des Standorts – Übersicht über die Ansprechpartner mit Kurzbeschreibung auf der Projektwebseite – Kommunikationstraining für die Ansprechpartner
Ideen für Ausgestaltung	– Je nach Kommunikationskultur kann der Ansprechpartner auch aktiv auf einzelne Mitarbeiter zugehen und Feedback zum Projekt einholen – Je nach Ausgestaltung der Rolle kann eine Vorbereitung der Person auf ihre Rolle (Tipps und Tricks zur Kommunikation im Kontext von Veränderungsprozessen) oder die Versorgung mit Kommunikationsmaterial notwendig sein

25. Kommunikationscoaching für obere Führungskräfte

Kurz-beschreibung	Aufgrund der besonderen Rolle des oberen Managements bei der Kommunikation in Veränderungsprozessen ist die Qualität der Kommunikation sicherzustellen. Auf der individuellen Ebene kann dies durch Coaching erfolgen. Im Dialog mit der Führungskraft werden Kommunikationsziele festgelegt, die eigene Wirkung reflektiert und Auftritte bei Veranstaltungen konkret vorbereitet.
Zielgruppe	– Geschäftsleitung – Obere Führungskräfte
Ziel	– Enabling des oberen Managements, die Veränderung durch effiziente Kommunikation zu unterstützen – Vermeidung von „Kommunikationsfehlern", die später nur schwer wieder korrigiert werden können – Indirekt Verbesserung aller Kommunikationsmaßnahmen mit Beteiligung des oberen Managements
Timing	– Bei Bedarf: allgemein in der frühen Phase des Kommunikationsprozesses oder spezifisch vor wichtigen Veranstaltungen und Gesprächen
Feedback-möglichkeit	– Im Idealfall sehen die Teilnehmer Feedback zu ihrem eigenen Auftreten als Ziel des Coachings an
Vernetzung mit anderen Maßnahmen	– Alle Veranstaltungen und Aktivitäten, bei denen die gecoachten Manager auftreten – Kommunikationstraining als Basis für das Coaching
Ideen für Ausgestaltung	– Coaching setzt eine gewisse Bereitschaft voraus, sein eigenes Verhalten zu reflektieren und Neues lernen zu wollen. Dementsprechend sollte ausreichend viel Zeit in die Überzeugung der Führungskräfte vom Nutzen des Coachings investiert werden. – Da die Qualität und der Mehrwert des Coachings (bzw. der individuellen Kommunikationsberatung) im Voraus nur schwer einzuschätzen ist, helfen Fürsprecher mit gutem Draht zu den Geschäftsführern bei deren Überzeugung. – Übungen zu den „4 Seiten der Nachricht" und den „4 Ohren des Empfängers" – Festlegung der kommunikativen Stoßrichtung in den verschiedenen Phasen der Veränderungskurve – Diskussion der Auswirkung des eigenen Verhaltens auf die wahrgenommene Glaubwürdigkeit durch die Mitarbeiter

26. Kommunikationstraining für mittlere Führungskräfte

Kurz-beschreibung	Maßgeschneidertes Kommunikationstraining zur Vorbereitung der Führungskräfte auf ihre Rolle im Veränderungsprozess. Berücksichtigung der konkreten Inhalte des Projekts bei den Übungen sowie ausreichend Zeit zur individuellen Vorbereitung der Führungskräfte auf ihre persönliche Kommunikation.
Zielgruppe	– Führungskräfte des mittleren Managements
Ziel	– Enabling des mittleren Managements, das Veränderungsprojekt durch effiziente Kommunikation zu unterstützen – Vermeidung von „Kommunikationsfehlern", die später nur schwer wieder korrigiert werden können – Indirekt Verbesserung aller Kommunikationsmaßnahmen mit Beteiligung des mittleren Managements
Timing	– Einmalig vor Beginn der ersten Kommunikationswelle
Feedback-möglichkeit	– Live während des Trainings – Als Teil der Seminarbewertung im Anschluss an das Training
Vernetzung mit anderen Maßnahmen	– Alle Veranstaltungen und Aktivitäten, bei denen die trainierten Manager auftreten – Für ausgewählte Führungskräfte Coaching im Anschluss an das Training – Unterstützung bei der Kommunikation durch Toolkit und Kommunikationsmaterial
Ideen für Ausgestaltung	– Manchmal ist es schwerer, den Projektverantwortlichen die Notwendigkeit und den Nutzen eines Trainings näherzubringen als das Training auszugestalten und durchzuführen. Von daher sollte man sich im Vorfeld gute Argumente zurecht legen: Best Practices, Zitate aus früheren Projekten, Ansage der Geschäftsführung, ... – Um auf die individuellen Voraussetzungen und Herausforderungen der Teilnehmer eingehen zu können, ist eine Serie von Durchläufen mit der Methode kollegiale Beratung sinnvoll. – Bei unternehmensweiten Veränderungen kann auch eine modulare Trainingsserie über den Verlauf der Veränderung konzipiert werden. – Ein Beispiel für einen persönlichen Aktionsplan, der am Ende des Trainings erstellt wird, finden Sie im Anhang dieses Buchs.

27. Arbeitskreis Kommunikation für das Projekt

Kurz-beschreibung	Der Arbeitskreis Kommunikation setzt sich zusammen aus den Kommunikationsverantwortlichen für das Projekt und Vertretern der Teilprojekte sowie gegebenenfalls Vertretern der Fachbereiche, in denen die Veränderung umgesetzt wird. Diskutiert werden alle relevanten Belange der Change Kommunikation: proaktiv von den Verantwortlichen und reaktiv durch Kommentierung der Ideen der Teilnehmer
Zielgruppe	– Projektleiter und -mitarbeiter
Ziel	– Sicherstellung eines einheitlichen Verständnisses der Ziele und Leitplanken für die Projektkommunikation – Commitment aller Beteiligten zu den geplanten Maßnahmen – Einbindung des Wissens der Fachexperten in die Planung der Kommunikation
Timing	– Einrichten des Arbeitskreises nach Ende der Planungsphase – Regelmäßige Treffen (z.B. monatlich)
Feedback-möglichkeit	– Feedback ist ein Ziel des Arbeitskreises
Vernetzung mit anderen Maßnahmen	– Kommunikationstraining und -coaching
Ideen für Ausgestaltung	– Professionelle Vor- und Nachbereitung sowie stringente Moderation zur Demonstration der Expertise der Kommunikationsverantwortlichen. – Wenn Abfrage von Sichtweisen, dann strukturiert oder sogar immer nach dem gleichen Muster, damit sich die Teilnehmer darauf vorbereiten können. – Saubere Aufbereitung und Präsentation der Ideen (Gesamtplan, Einzelevent, Vorgehen Monitoring, ...), die diskutiert werden sollen. – Immer aufzeigen, was mit dem Input des Arbeitskreises geschehen wird bzw. geschehen ist.

28. Betriebsfeier und After Work Event

Kurz-beschreibung	Organisiertes geselliges Event nach Feierabend, an dem Spaß gehabt wird und in der Regel aber auch über die Veränderung geredet wird. Ankündigung oder offizielle Einladung erfolgt frühzeitig. Je nach Länge des Events und Anzahl der Teilnehmer ist es dann eine Betriebsfeier oder ein After Work Event.
Zielgruppe	– Gesamtes Projektteam – Alle FK und MA in einem Bereich/Abteilung/Team
Ziel	– Stärkung des Wir-Gefühls und Zusammenhalts – Förderung der informellen Kommunikation über Hierarchieebenen hinweg – Motivation durch Belohnung für Leistungen (Incentive) – Unauffälliges Stimmungsbarometer
Timing	– Einmalig z.B. zum Kennenlernen im Rahmen der Teamintegration – Regelmäßig z.B. monatlich für das Projektteam für die Dauer des Projekts
Feedback-möglichkeit	– Persönlich - sofort - live - informell - oft wahr
Vernetzung mit anderen Maßnahmen	– Direkt im Anschluss an einen Workshop oder regelmäßig nach dem Projekt Jour fixe – Ankündigung und Berichterstattung über die Regelmedien (Webseite, Newsletter, ...)
Ideen für Ausgestaltung	– Treffen kann im Bürogebäude oder außer Haus erfolgen – Neben gemütlichem Beisammensein inkl. Essen und Getränken kann zusätzlich eine Aktivität wie Kegeln, Kartfahren, etc. eingebaut werden. – Das Treffen ist per Definition nicht auf die Diskussion der Veränderung fokussiert und dies sollte auch nicht herbeigeführt werden. Falls eine strukturierte Abfrage der Wunsch ist, muss eine andere Maßnahme gewählt werden. – Ein solches Event ist kritisch bei aktuell kursierenden Gerüchten, weil sich diese negativ verstärken können. Wird das Event trotzdem durchgeführt, ist ein offenes Ohr für die Gespräche wichtig. – Showeinlagen von Mitarbeitern als gemeinsame Aktivität und Zeichen des Engagements – Hohe Visibilität des Veränderungsprojekts durch dezente Plakate oder Aufsteller – Ruhig mal den Vorstand auf ein Bier einladen ...

29. Multiplikatorenansatz

Kurzbeschreibung	Beim Multiplikatorenansatz werden bewusst Vertreter verschiedener Hierarchiestufen, Standorte und Funktionen ausgewählt, um als Multiplikatoren ein kommunikatives Bindeglied zwischen den Projektverantwortlichen und den betroffenen Mitarbeitern in den verschiedenen Bereichen des Unternehmens zu sein.
Zielgruppe	– Alle Mitarbeiter
Ziel	– Schaffung eines zusätzlichen persönlichen Kommunikationskanals von den Projektverantwortlichen über die Multiplikatoren zu den betroffenen Mitarbeitern – Erhöhung der Glaubwürdigkeit und damit Effektivität der Projektkommunikation
Timing	– Auswahl und Vorbereitung der Multiplikatoren frühzeitig – Einsatz regelmäßig und langfristig
Feedbackmöglichkeit	– Eine Aufgabe der Multiplikatoren ist die Abfrage der Sichtweise der Mitarbeiter und die strukturierte Weiterleitung an die Projektverantwortlichen
Vernetzung mit anderen Maßnahmen	Einsatz der Multiplikatoren in verschiedenen Maßnahmen: – Direkt bei Veranstaltungen – Indirekt per Foto oder Zitat in der Mitarbeiterzeitung und auf der Webseite
Ideen für Ausgestaltung	– Nicht zu verwechseln mit der Rolle von Meinungsführern, die unabhängig von ihrer offiziellen Rolle im Projekt die Meinung anderer positiv oder negativ beeinflussen. – Verwandte Begriffe sind „Botschafter" und „Change Agents". – Ausführliche Informationen finden Sie in Kapitel 9.

30. Unternehmenstheater

Kurz-beschreibung	Theaterstücke, die individuell für ein bestimmtes Unternehmen oder einen Bereich in einer Veränderungs- oder Konfliktsituation geschrieben und aufgeführt werden. In der Regel werden externe Schauspieler und Autoren engagiert, die über das aktuelle Problem genau gebrieft werden. Doch auch die schauspielerische Mitwirkung der Mitarbeiter selbst ist möglich. Die Bandbreite im Hinblick auf das dramatische Genre ist unbegrenzt.
Zielgruppe	– Führungskräfte – Alle Mitarbeiter
Ziel	– Herstellung einer Beobachtungsebene zweiter Ordnung der alltäglichen Prozesse (mit anderen Worten: durch die Blume wird gesagt, was gut oder nicht so gut läuft) – Anstoß zur Reflexion, da die berufliche Situation nicht als gegeben, sondern im Spiel nur als eine Möglichkeit von vielen dargestellt wird – Herstellung einer für Veränderungsprozesse offene Grundhaltung – Spiel befreit von sofortigem Erfolgsdruck und setzt Kreativität frei
Timing	– Einmalig im Veränderungsprozess
Feedback-möglichkeit	– Durch Einbringen in das Theaterstück (wenn möglich) – Durch Diskussion im Nachgang zum Theaterstück
Vernetzung mit anderen Maßnahmen	– Die Figuren des Theaterstücks können als Metapher für bestimmte Aspekte der Veränderung wiederholt eingesetzt werden.
Ideen für Ausgestaltung	– Durch Einbeziehen der Mitarbeiter entsteht zusätzliche Motivation. – Die Gefahr eines mangelhaften Verständnisses der Business-Theater-Anbieter für die Situation des Unternehmens muss durch ein ausführliches Briefing vermieden werden. – Ein gewisses Unverständnis oder Ablehnung bei einzelnen Mitarbeitern ist unvermeidbar. Zeigen Sie sich empathisch für entsprechende Kritik oder antworten Sie mit dem Gesamtergebnis der Veranstaltungsbewertung, die in der Regel sehr positiv ausfällt.

31. Standardpräsentation (Talksheet, Nutzenargumenter)

Kurz-beschreibung	Die Standardpräsentation ist die unverzichtbare Basis für eine möglichst einheitliche Vorstellung des Projekts. Sie enthält typischerweise einen Überblick über das gesamte Veränderungsprojekt (Notwendigkeit, Ziel, Vorgehen, Projektinhalte und -struktur, Kommunikationsplan, ...) und den aktuellen Stand zu den wichtigsten Einzelaspekten (Meilensteine, Entscheidungen, ...).
Zielgruppe	– Führungskräfte – Alle Mitarbeiter
Ziel	– Vermittlung von Basisinformationen über den Change – Sicherstellen einer einheitlichen Kommunikation über die wichtigsten Aspekte des Projekts – Möglichkeit für die Mitarbeiter, sich relevante Informationen bei Bedarf selber zu besorgen (Pull-Kanal)
Timing	– Erstellung frühzeitig zu Projektbeginn – Regelmäßige Aktualisierung
Feedback-möglichkeit	– nein
Vernetzung mit anderen Maßnahmen	– Vorgabe und Einsatz durch Geschäftsführung und Einsatz vor allem in der Managementkaskade – Downloadmöglichkeit im Intranet – Bestandteil des Kommunikationskits
Ideen für Ausgestaltung	– Zur Vermeidung einer uneinheitlichen Darstellung durch unterschiedliche persönliche Wertungen der Verwender kann die Präsentation um Fußnoten und Tipps zum Vortrag ergänzt werden. Die persönliche Note beim Vortrag sollte aber dennoch erhalten bleiben. – Manchmal sind 2-3 Varianten der Standardpräsentation mit Informationsschwerpunkten entsprechend der Zielgruppeninteressen sinnvoll. – Am Ende der Präsentation kann noch ein Platzhalter von 2-3 Folien angefügt werden – verbunden mit der Aufforderung an die dezentralen Führungskräfte, die Besonderheiten oder Auswirkungen auf bestimmte Standorte und Funktionen zu ergänzen – Ein Talksheet ergänzt die Grafiken der Präsentation um entsprechenden Fließtext. – Ein Nutzenargumenter konzentriert sich auf den Nutzen der Veränderung bzw. deren Notwendigkeit.

32. FAQ (Häufig gestellte Fragen)

Kurz-beschreibung	Typische Fragen zum Veränderungsprojekt werden gesammelt und beantwortet. Die Antworten werden allen Mitarbeitern im Intranet zur Verfügung gestellt oder auch versendet. Alle Führungskräfte und Redner bei Veranstaltungen erhalten die Antworten auf die möglichen Fragen zur Vorbereitung auf ihre Rolle in der Kommunikation.
Zielgruppe	– Führungskräfte und alle anderen Kommunikatoren – alle Mitarbeiter
Ziel	– Sicherstellung einheitlicher, kohärenter Antworten zu allen zentralen Aspekten des Veränderungsprojektes – Etablierung einer einheitlichen Sprache und Begriffe – Unterstützung der Führungskräfte und anderer Kommunikatoren im Prozess – Zusätzliche Möglichkeit für die Mitarbeiter, Antworten auf typische Fragen zu erhalten, ohne einen Projektvertreter fragen zu müssen
Timing	– Definition und Verbreitung zum Projektstart – Regelmäßiges Update mit aktuellen Fragestellungen
Feedback-möglichkeit	– Mitarbeiter können im Intranet Feedback geben, ob die bereitgestellten Antworten hilfreich und ausreichend waren – Mitarbeiter können im Intranet Feedback geben, welche Fragen zum Projekt weiterhin offen sind
Vernetzung mit anderen Maßnahmen	– Einstellen der FAQ auf der Webseite des Projekts – Einstellen der FAQ in die Projektdatenbank – Veröffentlichung einzelner FAQ in der Mitarbeiterzeitung – Verweis auf FAQ in E-Mails, Brief der Geschäftsleitung, Newsletter etc. – Aktualisierung des FAQ anhand häufiger Fragen/Diskussionspunkte in Diskussionsforen
Ideen für Ausgestaltung	– Ergänzung einer Sortierfunktion – In der frühen Phase des Projekts sind nicht alle Fragen für die schriftliche Veröffentlichung geeignet. Zur Vermeidung einer "weichgespülten" Liste mit oberflächlichen Antworten sollten dann eher zwei verschiedene Versionen verwenden werden: eine als Briefing der Kommunikatoren und eine für die Veröffentlichung im Intranet für alle Mitarbeiter – Sie können die FAQ für die Kommunikatoren um Tipps im Umgang mit Vorbehalten ergänzen.

140

33. Broschüre (Booklet)

Kurz-beschreibung	Die Broschüre ist das gedruckte Pendant zur Standardpräsentation. In einem Schriftstück bekommt der interessierte Leser einen Gesamtüberblick über das Projekt und eine kurze Beschreibung der wichtigsten Details. Je nach geplanter Verwendung ähnelt die Broschüre einem Hochglanzmagazin oder einer selbsterstellten Blättersammlung: Die Form folgt der Funktion.
Zielgruppe	– Alle betroffenen MA
Ziel	– Die Mitarbeiter erhalten einen Überblick über das Projekt (in der Breite) – Zentrale Aspekte sind im Detail (in der Tiefe) erklärt
Timing	– Einmal – Bei Überarbeitung/Ergänzung maximal zweimal
Feedback-möglichkeit	– Antwortkarte in der Broschüre
Vernetzung mit anderen Maßnahmen	– Wiederverwendung der Inhalte auf der Webseite – Verteilen der Broschüre bei Veranstaltungen oder am Informationsstand
Ideen für Ausgestaltung	– Weniger ist mehr. Wichtig ist die Vermittlung der definierten Kernbotschaften. Der Rest ist im Prinzip nur Mittel zum Zweck. – Um das Veralten der Inhalte zu vermeiden, kann eine Broschüre entweder frühzeitig als grober Gesamtüberblick mit Fokus auf Sensibilisierung und Big Picture verwendet werden oder deutlich später mit den Eckpunkten der einzelnen Teilprojekte. – Booklet ist ein gängiger Begriff für eine Broschüre, die weniger umfangreich, vom Format kleiner und etwas mehr designed ist.

34. Flyer (Faltblatt)

Kurz-beschreibung	Übersichtliche Kurzinformation zu einzelnen Aspekten/Aktionen des Projekts in Form eines beidseitig bedruckten gefalteten A4 Blatts. Kann auch als Serie aufgesetzt werden, so dass mit jedem Flyer ein neuer Aspekt des Projekts im Detail beleuchtet wird.
Zielgruppe	– Alle betroffenen Mitarbeiter – Eine bestimmte Zielgruppe
Ziel	Kommt darauf an: – Überblick über das Veränderungsprojekt – Information über aktuelle Aktionen/Maßnahmen – Sensibilisierung für die Veränderung – Ankündigung von Veranstaltungen
Timing	– Anlassbezogen
Feedback-möglichkeit	– Nennung Projekt-Emailadresse im Flyer – Ein Abschnitt des Flyers ist als Feedbackformular designed und kann z.B. in die Projektfeedbackbox geworfen werden.
Vernetzung mit anderen Maßnahmen	– Plakat, das einen Überblick über die Themen der Flyer gibt – Verteilen des Faltblatts bei Veranstaltungen oder am Informationsstand
Ideen für Ausgestaltung	– Je nach Gestaltung des Flyers bestehen zwei gegensätzliche Risiken: Er wirkt wenig wertig oder er ist sehr teuer in der Anfertigung. – Bei zu aufwendiger Gestaltung könnten sich die Mitarbeiter im Umkehrschluss allerdings fragen, warum so viel Geld für den Flyer ausgegeben wird. – Beim Flyer ist das Timing in Bezug auf die nächste Maßnahme wichtig, weil er das Projekt nur temporär ins Bewusstsein bringt.

35. Plakat (Poster)

Kurz-beschreibung	Ein Plakat oder eine Plakatserie im Rahmen des Veränderungsprojekts sind geeignet, um unter Verwendung von Projektlogo und -slogan ein bis zwei prägnante Botschaften zu vermitteln. Die Aufhängung kann an den verschiedensten Stellen im Unternehmen erfolgen.
Zielgruppe	– Alle Mitarbeiter
Ziel	– Verankerung des Veränderungsprojekts im Bewusstsein der Mitarbeiter (Sensibilisierung) – Begleitende Vermarktung zentraler Kommunikationsmaßnahmen – Verbreitung von Projektlogo und -slogan – Positive emotionale Aufladung des Projekts
Timing	– Über die gesamte Dauer des Projekts sinnvoll
Feedback-möglichkeit	– Nein
Vernetzung mit anderen Maßnahmen	– Aufgreifen der Plakatthemen im Detail auf der Webseite oder in Veranstaltungen – Bei großem Sensibilisierungsbedarf kann eine Parallelkampagne über Business-TV und Intranet helfen
Ideen für Ausgestaltung	– Hilfreich sind kurze Überschriften und Texte mit stark appellativem Charakter. – Bildsymbole sollten in jedem Fall einfach sein (z. B. aus der Arbeitswelt oder dem Sport) und auf die Vorlieben der Zielgruppe eingehen. – Projektlogo und -slogan sollten in jedem Fall verwendet werden. – Aushang im ganzen Unternehmensgebäude sowie verstärkt an zentralen Orten wie Kantine und Foyer. – Plakate zwingen zur Komplexitätsreduzierung: Frei nach dem Motto „weniger ist mehr" sollte der Plakatstil auch für die Gestaltung von PowerPoint Folien reflektiert werden. – Zitate, Fotos, konkrete Beispiele machen komplexe Veränderungsprojekte greifbarer und menschlicher. – Gefahr der Banalisierung des Projekts, wenn Ziel wirklich die Vermittlung relevanter Inhalte sein sollte. – Hohe Streuverluste sind bei Plakataktionen normal.

36. Artikel in Mitarbeiterzeitschrift

Kurz-beschreibung	Journalistisch geschriebener Beitrag über das Projekt in der Mitarbeiterzeitschrift oder auch Werks-/Bereichszeitung. Der Inhalt variiert je nach Projektstatus: Erstinformation, Status mit erreichten Zielen und nächsten Schritten oder Details zu ausgewählten Teilprojekten. Der Beitrag kann sowohl sachlich als auch emotionalisierend sein.
Zielgruppe	– alle Mitarbeiter
Ziel	– Mitarbeiter kennen das Projekt und sind für das Thema sensibilisiert – Mitarbeiter verstehen das Projekt und dessen Notwendigkeit – Bedeutung des Projekts wird hervorgehoben – Mitarbeiter werden auf dem Laufenden gehalten
Timing	– Einmalig zum Start des Projekts oder zur Demonstration erster Erfolge (sogenannte Quick Wins) – Regelmäßig prozessbegleitend (z.B. quartalsweise oder nach Erreichung wichtiger Meilensteine)
Feedback-möglichkeit	– Leserbriefe / Feedbackformular zum Herausschneiden – Projekt-Emailadresse ist angegeben
Vernetzung mit anderen Maßnahmen	– Verweis auf Projektwebseite – Ankündigung von Veranstaltungen
Ideen für Ausgestaltung	– Das Lesen soll Spaß machen oder zum Nachdenken anregen, denn Emotionen sind Voraussetzung für die Verarbeitung der Inhalte. Daher sollten Sie neben Fließtext auch Interviews, Grafiken, Fotos von Beteiligten, Umfrageergebnisse und so weiter verwenden. – Die Kernbotschaften sollten stets im Vordergrund stehen. Bei Unterstützung durch Experten für Text und Design sollten Sie darauf achten, dass bei diesen Experten ein ausreichend tiefes Verständnis des gewünschten Inhalts vorhanden ist. Sonst besteht die Gefahr von wohl klingendem Text ohne ausreichend viel Inhalt.

37. Schwarzes Brett

Kurz-beschreibung	Ausdrucke von Newslettern, Informationen aus dem Intranet, Briefen der Geschäftsleitung, Projektplänen etc. werden am Schwarzen Brett aufgehängt.
Zielgruppe	– Alle Mitarbeiter
Ziel	– Überblick über die Veränderung – Laufende Information der Mitarbeiter über ausgewählte Aspekte und aktuellen Stand des Veränderungsprojekts (insbesondere für Mitarbeiter ohne eigenen Computer geeignet) – Sensibilisierung für die Veränderung durch prominente Platzierung im Vergleich zu anderen Themen
Timing	– Laufend Aushänge und Aktualisierungen
Feedback-möglichkeit	– nein
Vernetzung mit anderen Maßnahmen	– Aushang vorhandener Kommunikationsmaterialen – Ankündigung von Veranstaltungen
Ideen für Ausgestaltung	– Auch in den Zeiten von Web 3.0 zählt das Schwarze Brett bei den Mitarbeitern zu den beliebteren Instrumenten der internen Kommunikation. Im Vorbeigehen schauen die Mitarbeiter auf aktuelle Aushänge. – Auffallen ist wichtig. Dementsprechend müssen die Kommunikationsmittel gestaltet sein: zum Beispiel führt die wiederkehrende Verwendung des Projektlogos zu leichter Wiedererkennung neuer Informationen zu einem bestimmten Projekt. – Um einen „Konkurrenzkampf" der Projekte um die Aufmerksamkeit der Mitarbeiter zu verhindern, bietet sich dieses Instrument vor allem bei unternehmensweiten Veränderungen an.

38. Projektfeedbackbox (Kummerkasten)

Kurzbeschreibung	Ein „Kummerkasten" kann elektronisch oder physisch durch separat aufgestellte Boxen an dafür geeigneten Stellen (schwarzes Brett, Kantine, Eingang, ...) realisiert werden. In schwierigen Zeiten kann eine Task Force zur sofortigen Lösung der angesprochenen Probleme installiert werden.
Zielgruppe	– Alle Mitarbeiter
Ziel	– Die Projektverantwortlichen erhalten Feedback zur Stimmungslage im Unternehmen und zur Meinung der Mitarbeiter über die Veränderung – Die Mitarbeiter haben die Chance, ihre Meinung zu sagen, und fühlen sich ernst genommen
Timing	– Fortlaufend bzw. bei einzelnen Events
Feedbackmöglichkeit	– Nomen est omen
Vernetzung mit anderen Maßnahmen	– Handelt es sich bei den Kommentaren um Fragen, können diese in die FAQ aufgenommen werden – Beziehen sich die Kommentare auf Kommunikationsmaßnahmen, können diese angepasst werden – Ziel der Feedbackboxen und Verwendung der Ergebnisse sollte im Vorfeld erklärt werden
Ideen für Ausgestaltung	– Wie bei allen expliziten Feedbackkanälen ist die Rückmeldung zu den Erkenntnissen mindestens genauso wichtig wie das Verwenden der Erkenntnisse für die Projektarbeit: Entscheidend ist, dass die Mitarbeiter sehen, was mit ihren Rückmeldungen passiert. Insbesondere wollen sie wissen, warum bestimmte Kommentare nicht bei der weiteren Kommunikation oder Projektarbeit berücksichtigt werden. – Ergebnisse können einmalig, zu definierten Zeitpunkten oder fortlaufend in die Kommunikation einfließen. – Die nicht vorhandene, zu späte oder unglaubwürdige Kommunikation der Ergebnisse kann durch den entstehenden Vertrauensverlust zu einer negativen Wirkung dieser Maßnahme führen. – Vorsicht: Manchmal schlagen Projektverantwortliche Feedbackboxen vor, weil sie keine Rückmeldung erwarten. Chancen und Risiken sollten daher im Vorfeld abgewogen werden.

39. Brief (Rundschreiben, Managementletter)

Kurz-beschreibung	Persönlich formulierter Brief, der klassisch per Hauspost oder elektronisch als Anhang zur Email versandt wird. Im Wesentlichen handelt es sich um eine Einladung zur Mitwirkung am Veränderungsprojekt und zur Erbringung des bestmöglichen Beitrags.
Zielgruppe	– Führungskräfte – Alle Mitarbeiter
Ziel	– Gleichlautende Information an alle Mitarbeiter – Erwartungen und Commitment der Unternehmensleitung wird sichtbar – Motivation durch persönliche Ansprache
Timing	– Erster Brief bei Start des Veränderungsprojekts – Mögliche weitere Briefe bei Erreichung von Meilensteinen (beispielsweise Go Live)
Feedback-möglichkeit	– Beim Brief: nein – Auf die Email kann geantwortet werden
Vernetzung mit anderen Maßnahmen	– Verweis auf folgende Kommunikationsmaßnahmen – Explizite Aufforderung zum Feedback
Ideen für Ausgestaltung	– Insbesondere Führungskräfte „alter Schule" wirken authentisch bei Verwendung des Kanals, den sie und ihre Mitarbeiter gewohnt sind. – Managementletter ist der Begriff, der häufig für Rundschreiben mit Anhang an alle Führungskräfte des Unternehmens verwendet wird.

40. Kommunikationskit (Werkzeugkasten, Kommunikationspaket)

Kurz-beschreibung	Papierordner oder passwortgeschützter Bereich im Intranet mit Informationen und Materialien für die Kommunikation über das Projekt durch die Führungskräfte
Zielgruppe	– Führungskräfte und alle anderen Kommunikatoren
Ziel	– Unterstützung der Führungskräfte in ihrer Kommunikation gegenüber Mitarbeitern – Erhöhung der Bereitschaft zur Kommunikation durch Serviceleistung des Projektteams – Sicherung kohärenter Inhalte und einheitlicher Sprachregelung in der Kommunikation
Timing	– Bereitstellung zu Beginn der Veränderung – Regelmäßige Aktualisierung durch Bereitstellung aktueller Materialien zum Projekt mit entsprechenden Botschaften der Veränderungskommunikation
Feedback-möglichkeit	– Zum Werkzeugkasten im Vorbereitungsworkshop – Zur Anwendung der Tools über ein dafür eingerichtetes Forum plus periodische Treffen für Interessierte
Vernetzung mit anderen Maßnahmen	– Relevante Inhalte wie Standardpräsentation oder FAQ – Coaching für obere Führungskräfte – Kommunikationstraining für mittlere Führungskräfte
Ideen für Ausgestaltung	– Der/die/das Kommunikationskit reduziert Arbeitsaufwand und vermeidet Doppelarbeit, da Vorlagen nur geringfügig angepasst werden müssen, was sonst von mehreren Führungskräften gleichzeitig geleistet werden müsste – Der Werkzeugkasten sollte sowohl Inhalte zum Veränderungsprojekt sowie Hilfestellungen zur Kommunikation (Abläufe von Workshops, Umgang mit schwierigen Fragen, ...) und Ansprechpartner für Fragen beinhalten.

41. Fortschrittsbericht

Kurz-beschreibung	Der Fortschrittsbericht ist ein Standardinstrument in der Projektarbeit. Er kann in Form einer Präsentation aber auch sehr gut für die Kommunikation über das Projekt verwendet werden. Der Bericht ist im Prinzip eine kompakte Information über bisherige Erfolge, Abweichungen vom Plan und konkrete nächste Schritte.
Zielgruppe	– Geschäftsführung – Führungskräfte – Alle Mitarbeiter – Erweitertes Projektteam
Ziel	– Einheitliche Information über den aktuellen Projektstand an Unternehmensleitung, Führungskräfte und alle interessierten Mitarbeiter – Darstellung des Zusammenspiels verschiedener Elemente des Veränderungsprozesses – Motivation durch Bericht über Erreichen von Zwischenzielen und Annäherung an das Veränderungsziel – Motivation durch Transparenz über den Fortschritt in verschiedenen Bereichen
Timing	– Je nach technischen Möglichkeiten und Berichtsstrukturen erfolgt die Berichterstattung in Echtzeit, täglich, wöchentlich oder monatlich
Feedback-möglichkeit	– nein
Vernetzung mit anderen Maßnahmen	– Veröffentlichung im Intranet oder Versendung per Email – Extrakt des Fortschrittsberichts als Beitrag im Newsletter oder in der Mitarbeiterzeitung – Präsentation des Fortschrittsberichts in Abteilungsrunden mit anschließender Diskussion und Ableitung von konkretem Handlungsbedarf
Ideen für Ausgestaltung	– Hilfreich ist eine vereinfachte Darstellung des Gesamtstatus (z.B. bildlich mit Ampel-Logik), die für alle Mitarbeiter verständlich ist. – Falls notwendig, kann der Fortschrittsbericht auch zur Rechtfertigung bzw. Begründung der eingesetzten Mittel und der angewandten Maßnahmen dienen.

42. Arbeitshilfe (Job Aid)

Kurz-beschreibung	Mini-Broschüre mit Informationen zur neuen Struktur, zum neuen Prozess, zum neuen System oder sonstigen Inhalten der Veränderung: vor allem konkrete Hilfestellungen, worauf zu achten ist, was vermieden werden sollte, Checklisten oder Ansprechpartner.
Zielgruppe	– Mitarbeiter, die konkret von einem Teilaspekt des Projekts betroffen sind
Ziel	– Steigerung der Effizienz der Mitarbeiter durch schriftliche Bereitstellung der wichtigsten Tipps und Anleitungen – Beeinflussung des Verhaltens der Mitarbeiter im Sinne der Veränderungsanforderungen
Timing	– Einmal zu dem Zeitpunkt, an dem die Mitarbeiter beginnen, die neue Methode, die neue Eingabemaske, etc. zu nutzen
Feedback-möglichkeit	– Nicht direkt. Allerdings kann jederzeit der Ansprechpartner angerufen werden, um die benötigte Hilfestellung zu erhalten
Vernetzung mit anderen Maßnahmen	– Voraussetzung für das Verständnis der Job Aids sind teilweise Basisinformationen über das Projekt, die zum Beispiel auf Webseite oder in der Projektbroschüre enthalten sind – In der Managementkaskade kann die Bekanntheit, die Nutzung und der Nutzen der Job Aids abgefragt werden
Ideen für Ausgestaltung	Einige Beispiele: – 10 geklammerte A6 Laminate, die jeweils das Vorgehen bei den 10 wichtigsten Eingaben in ein neues IT-System beschreiben. – Faltkarte mit einer Checkliste zum Abschluss eines jeweiligen Prozessabschnitts – 10-seitige Mini-Broschüre, in der die neue Methodik noch einmal ausführlich und ready-to-use beschrieben wird.

43. Beitrag im Geschäftsbericht

Kurz-beschreibung	Je nach strategischer Bedeutung des Projekts werden einige Seiten oder sogar ein Sonderteil mit Informationen zum Veränderungsprojekt in den Geschäftsbericht integriert. Je nach Stand des Projekts kann ein Überblick über die bevorstehenden Veränderungen gegeben oder konkrete Erfolge berichtet werden.
Zielgruppe	– Führungskräfte – Alle Mitarbeiter
Ziel	– Darstellung des Projekts in seiner Gesamtheit – Einbettung des Veränderungsprojekts in die Vision und Strategie des Unternehmens – Hervorheben der Bedeutung des Projekts
Timing	– Jährlich
Feedback-möglichkeit	– keine
Vernetzung mit anderen Maßnahmen	– Hinweis auf Bedeutung des Projekts unter Bezug auf Geschäftsbericht in Managementkaskade oder Veranstaltungen
Ideen für Ausgestaltung	– Die Botschaft besteht weniger im explizit Gesagten, sondern vielmehr in der Tatsache, dass die Veränderung so wichtig ist, dass sie einen eigenen Abschnitt im Geschäftsbericht bekommt. – Wichtig ist das Big Picture und nicht die Details. Informationen zum aktuellen Stand sind eventuell bei Erscheinen bereits veraltet. – Zur Unterstreichung der Bedeutung des Projekts können zusätzlich explizite Statements des Vorstands zum Projekt eingebunden werden.

44. Interne Verwendung externer Kommunikationsbeiträge

Kurz-beschreibung	Beiträge oder Informationen zum konkreten Veränderungsprojekt oder zum Thema der Veränderung werden erfahrungsgemäß regelmäßig unternehmensextern kommuniziert: entweder durch das eigene Unternehmen (Pressemitteilung, Artikel in Fachzeitschrift, ...) oder durch Dritte (Zeitungsbericht, Ergebnisse von Studien, ...). Diese Inhalte bzw. die Tatsache, dass auch extern oder durch die Wettbewerber das Thema diskutiert wird, können intern zur Vermarktung des Projekts und zur Erklärung ausgewählter Teilaspekte verwenden werden.
Zielgruppe	- Führungskräfte - Alle Mitarbeiter
Ziel	- Information der Stakeholder - Sensibilisierung der Medien für die Themen des Unternehmens/Veränderungsprozesses - Einflussnahme auf Berichterstattung der Medien
Timing	- Anlassbezogen
Feedback-möglichkeit	- Nein
Vernetzung mit anderen Maßnahmen	- Bei der ganzen Maßnahme geht es um Vernetzung. Wiederverwenden und Aufgreifen bestehender Inhalte erhöht die Effizienz.
Ideen für Ausgestaltung	- Weiterleiten eines Fachartikels an das gesamte Projektteam - Einbauen von Studienergebnissen in die Präsentation auf der Kickoff Veranstaltung - Mündliche Information via Managementkaskade, dass der Geschäftsführer auf der Pressekonferenz genau dieses Projekt ausführlich erwähnt hat.

45. Intranetauftritt des Projekts

Kurz-beschreibung	Die Webseite zum Projekt im Intranet enthält Hintergrundwissen über das Projekt und Infos zu aktuellen Ereignissen. Die Vermittlung der Inhalte erfolgt „anonym" im Namen des Projekts ggf. ergänzt um personalisierte Statements der Geschäftsleitung und von Projektvertretern.
Zielgruppe	– Alle interessierten MA
Ziel	– Überblick in der Breite verschaffen – Details in der Tiefe erklären – Mitarbeiter können jederzeit von überall die Information lesen, die sie benötigen (Pull-Kanal)
Timing	– Einrichtung so früh wie möglich – Umfang und Funktionalität können sukzessive ausgebaut werden
Feedback-möglichkeit	– Feedbackformular – Diskussionsforum
Vernetzung mit anderen Maßnahmen	– Verweis auf Intranetauftritt in Mitarbeiterzeitung, Plakaten, Broschüren, ... – Integration auf der Webseite: Diskussionsforum, Feedbackformular, Glossar, Chat, Quick-Poll, Projektdatenbank – Dokumentation von Veranstaltungen auf der Webseite
Ideen für Ausgestaltung	– Die Webseite kann aufwendig unter Einbezug einer Agentur oder einfach erstellt werden. Wie immer hängt die beste Lösung vom zu erreichenden Ziel ab. Sachinhalte können einfach vermittelt werden, während Emotionalisierung von der Anmutung der Webseite abhängt. Wichtiges Entscheidungskriterium bei der aufwändigen Variante sind die Folgekosten für die Pflege und Aktualisierung. – Funktionalität und Benutzerfreundlichkeit sind entscheidend. – Ein Feedbackformular ermöglicht die anonyme Rückmeldung zum Projekt – Ein Glossar erklärt die wichtigsten Begriffe und erhöht die Wahrscheinlichkeit, dass die Mitarbeiter die Informationen über das Projekt verstehen und sich die „neue Sprache" aneignen – Falls beispielsweise Mitarbeiter in der Produktion keinen (regelmäßigen) Zugang zum Intranet haben, sollte für diese Zielgruppe eine alternative Kommunikationsmaßnahme geschaffen werden.

46. Email-Newsletter

Kurz-beschreibung	Aktuelle Infos und ausgewählte Details werden an alle Stakeholder versendet. Heutzutage häufig als Email, ist aber auch in Papierform möglich. Ein Newsletter macht wahrscheinlich in jedem Projekt Sinn, weil die Inhalte bereits vorliegen und lediglich noch entsprechend aufbereitet werden müssen.
Zielgruppe	- Alle betroffenen MA
Ziel	- Aufmerksamkeit erzeugen - Alle Mitarbeiter gleichzeitig und schnell auf dem Laufenden halten - Erfolg und Fortschritt demonstrieren
Timing	- Regelmäßig (beispielsweise monatlich)
Feedback-möglichkeit	- Auf Email antworten
Vernetzung mit anderen Maßnahmen	- Der Newsletter verlinkt ins Intranet, um die Nutzung der Webseite zu erhöhen. - Ergebnisse des Kommunikationsmonitorings werden in Kurzform an alle MA zurückgemeldet. - Abteilungsleiter verweisen in ihren Regelterminen kurz auf die wichtigsten Themen im Newsletter und beantworten offene Fragen
Ideen für Ausgestaltung	- Das regelmäßige Erscheinen gibt Orientierung und Sicherheit und ist daher mindestens genauso wichtig wie der Inhalt. Zudem erhöht das regelmäßige Erscheinen die wahrgenommene Erfolgswahrscheinlichkeit. - In jedem Newsletter wird am Anfang über den aktuellen Stand des Projekts berichtet (TOP 3). - Grafische Aufbereitung ist sinnvoll, aber nicht erforderlich. Das Design sollte zum Ziel passen. - Zentrale Aspekte im Inhalt des Newsletters hervorheben und so formulieren, dass jeder versteht, worum es geht. - Archivierung der Newsletter auf der Webseite - Der Schwierigkeitsgrad sollte sich weniger auf der Ebene atomarer Antriebstechnik sondern auf dem Level Knotenknüpfen bewegen. Newsletter sind kommunikative Basisarbeit. Das Motto hier lautet eher „Einfach machen". - Technische Probleme bei der Funktionalität sind Hauptgrund für Beschwerden und reduzieren die Wirkung erheblich.

47. Diskussionsforum im Intranet

Kurz-beschreibung	Meinungsaustausch über das Projekt für alle Mitarbeiter durch freie Diskussion zu verschiedenen Themenschwerpunkten in einer Diskussionsplattform, die typischerweise von der Webseite des Projekts verlinkt ist. Ein Webmaster garantiert die Einhaltung der Spielregeln in Bezug auf den Inhalt und den Umgang miteinander. Projektvertreter beteiligen sich rege an der Diskussion.
Zielgruppe	– Alle Mitarbeiter
Ziel	– Aktivierung des Informationsaustausches der Mitarbeiter untereinander und mit den Projektverantwortlichen über das Projekt allgemein, den aktuellen Status und alles, was die Mitarbeiter interessiert. – Die Mitarbeiter dazu bewegen, sich mit der Veränderung zu beschäftigen und sich eine eigene Meinung zu bilden – Motivation durch ungefilterten Meinungsaustausch und das Zulassen kritischer Meinungsäußerungen – Stimmungs- und Meinungsbarometer
Timing	– Fortlaufend
Feedback-möglichkeit	– Austausch und Feedback ist Sinn des Diskussionsforums
Vernetzung mit anderen Maßnahmen	– Vermarktung auf Projektwebseite – Vor- und nachgelagerte Veranstaltungen, bei denen die Nutzung des Diskussionsforums angeregt bzw. die begonnene Diskussion aus dem Intranet strukturiert und mit Beteiligung von Projektvertretern weitergeführt wird. – Aus den Inhalten der Diskussion können die Themen für den moderierten Chat zwischen den Veranstaltungen generiert werden.
Ideen für Ausgestaltung	– Eignung hängt stark von der Unternehmens- und Kommunikationskultur eines Unternehmens ab (beispielsweise Nutzung Intranet und andere relativ neue Kommunikationstechnologien) – Da die Diskussion nur sehr schwer steuerbar ist, und dies eigentlich auch nicht gewünscht ist, sollte schon im Voraus überlegt werden, wie reagiert wird, wenn die Diskussion eskaliert. Dies kann durchaus eine Chance für die nachfolgende persönliche Kommunikation sein.

48. Moderierter Chat im Intranet

Kurz-beschreibung	Alle interessierten Teilnehmer diskutieren (d.h. „chatten") die Veränderung durch Eingabe ihrer Statements bei sich am PC. Aufnahme in die Diskussionsliste durch „Senden". Es können neue Statements „gepostet" oder auf bestehende Statements geantwortet werden.
Zielgruppe	– Alle Mitarbeiter – Die Zielgruppe, für die das Thema des Chats relevant ist
Ziel	– Die Mitarbeiter können sich auch zwischen den Veranstaltungen mit den Projektverantwortlichen über die Veränderung austauschen – Die Projektverantwortlichen erhalten ein Stimmungsbild
Timing	– Regelmäßig (z.B. quartalsweise)
Feedback-möglichkeit	– Live im Chat
Vernetzung mit anderen Maßnahmen	– Werbung im Intranet – Berichterstattung im nächsten Newsletter
Ideen für Ausgestaltung	– Wichtige Entscheider beteiligen sich am Chat und stehen Rede und Antwort. – Der Chat kann neben der grundsätzlichen Diskussion auch auf bestimmte Aspekte konzentriert werden: zum Beispiel Ergebnistransparenz, Lösungsfindung oder Erfahrungsaustausch. – Aufgrund der Neuartigkeit des Mediums kann die erste Durchführung zu technischen Schwierigkeiten oder unpassendem bzw. unerwartetem Verhalten der Teilnehmer führen. Daher sollte dies zu Beginn des Chats besprochen und falls notwendig nach dem Chat in der Berichterstattung reflektiert werden.

49. Quick Poll

Kurz-beschreibung	Quick Poll ist der englische Begriff für eine kurze Umfrage. Auf der Webseite des Projekts werden dazu 1-2 kurze Fragen (meist quantitativ) gestellt, um die Sichtweise der Mitarbeiter zu diesem Thema kennenzulernen (z.B. Kenntnis der Ziele des Projekts, Zufriedenheit mit der Kommunikation und Bedarf an einem weiteren Training). Direkt nach Beantwortung der Fragen erscheint der Stand des Ergebnisses auf Basis der bisherigen Antworten.
Zielgruppe	– Alle Mitarbeiter
Ziel	– Aktivierung der Mitarbeiter – Entwicklung eines Stimmungsbildes – Generierung von Informationen zur Anpassung der Kommunikation – Erhöhung der Besucherzahlen auf der Projektwebseite (davon ausgehend, dass sich Mitarbeiter mehrere Inhalte anschauen, wenn sie schon einmal auf der Webseite sind)
Timing	– Regelmäßig (bei Bedarf oder fest institutionalisiert einmal pro Monat)
Feedback-möglichkeit	– Feedback ist Ziel der Umfrage – Feedback zur Umfrage selber kann per Email oder über das Feedbackformular der Webseite erfolgen
Vernetzung mit anderen Maßnahmen	– Rückmeldung der Ergebnisse der Umfrage an alle Mitarbeiter auf der Webseite und im Newsletter
Ideen für Ausgestaltung	– Bei Öffnen der Projektwebseite muss sofort erkennbar sein, dass jetzt eine Umfrage stattfindet: zum Beispiel durch Blinken oder Farbgebung. – Erst bei regelmäßiger Durchführung entwickelt das Instrument seine eigentliche Wirkung. – Wichtig ist die Rückmeldung der Ergebnisse und vor allem die Information darüber, was die Verantwortlichen mit den Ergebnissen gemacht haben: zum Beispiel in die inhaltliche Projektarbeit integriert oder den Kommunikationsplan angepasst.

50. Aktuelles im Intranet

Kurz-beschreibung	Auf der Startseite des Intranets (nicht auf der Projektwebseite) erscheint in der Rubrik „Aktuelles" eine Nachricht zum Stand des Projekts: z.b. zum Start des Projekts, bei ersten konkreten Erfolgen oder zur Ankündigung einer Veranstaltung
Zielgruppe	– Alle Mitarbeiter
Ziel	– Bewusstsein für das Thema der Veränderung schaffen – Breitenwirkung – Beitrag zu regelmäßiger Kommunikation
Timing	– Regelmäßig – Bei konkreten Ereignissen
Feedback-möglichkeit	– Klick auf den Ansprechpartner für die Nachricht und Senden einer Email
Vernetzung mit anderen Maßnahmen	– Link auf die Webseite des Projekts – Ausdruck der Nachricht als Aushang am schwarzen Brett
Ideen für Ausgestaltung	– In der Regel sind die Vorgaben für Inhalte und Design in der Rubrik „Aktuelles" relativ streng. – Durch die Art der Formulierung oder das Timing kann sich ein Projekt jedoch von anderen unterscheiden. – Beispielsweise kann eine Woche lang jeden Tag eine neue Nachricht zur Veränderung erscheinen. – Die Maßnahme macht vor allem bei unternehmensweiten Veränderungen Sinn. – Besonders hilfreich ist die Maßnahme, wenn alle Mitarbeiter die gleiche Startseite habe, wenn sie ins Intranet gehen.

51. Email

Kurz-beschreibung	E-Mail an alle Mitarbeiter oder an definierten Empfängerkreis, bei der eine Vielfalt an Inhalten denkbar ist: von dringenden Fakten, über eine persönliche Botschaft bis hin zu einem Auszug aus einer Rede.
Zielgruppe	– Führungskräfte – Alle Mitarbeiter
Ziel	– Information über den aktuellen Projektstand – Ankündigung der nächsten Schritte/Maßnahmen – Motivation durch direkte quasi-persönliche Ansprache – Ankündigung von Veranstaltungen
Timing	– Vor/nach Meilensteinen oder Veranstaltungen
Feedback-möglichkeit	– Auf die Email antworten
Vernetzung mit anderen Maßnahmen	– Verweis auf weitere Informationen im Intranet – Ausdruck der E-Mail und Aushang am Schwarzen Brett – Im Prinzip geeignet für die Vor- und Nachbereitung aller größeren Kommunikationsmaßnahmen
Ideen für Ausgestaltung	– Der Verteiler kann beliebig gewählt werden. – Für Mitarbeiter ohne PC-Zugang kann die Email am Schwarzen Brett ausgehängt werden oder es wird eine andere Maßnahme gewählt. – Selbst eine kurze Email von der Geschäftsführung kann dem Projekt in einer schwierigen Situation „den Rücken stärken". – Falls die Email im Namen der Geschäftsführung versendet wird, denken Sie daran, dass die 346 Abwesenheitsnotizen auch dorthin gehen, wenn Sie es nicht anders programmieren lassen. – Chance auf schnelle, flächendeckende Information mit geringen Kosten und geringem Aufwand. – Wenn Sie Feedback auf die Email wünschen, ist es erfahrungsgemäß sinnvoll, dies explizit einzufordern.

52. Blog

Kurz-beschreibung	Ein Blog ist im weiteren Sinn ein öffentlich einsehbares und kommentierbares Tagebuch. Die Projektverantwortlichen können Informationen über die Veränderung sowie ihre Sichtweise einstellen und die Mitarbeiter können dies um ihre Gedanken, Gefühle oder Erfahrungen ergänzen.
Zielgruppe	– Alle Führungskräfte und Mitarbeiter
Ziel	– Aktuelle Informationen über die Veränderung sind zeitnah abrufbar – Diskussion anregen und Fragen der Mitarbeiter direkt beantworten – Stimmungsbild erhalten
Timing	– Start zu Beginn der Veränderung – Nutzung kontinuierlich
Feedback-möglichkeit	– Direkt durch Antwort auf bestehende Kommentare oder Einstellen einer eigenen Meinung
Vernetzung mit anderen Maßnahmen	– Teilaspekte des Blogs können im Newsletter strukturiert und kompakt zusammengefasst werden. Dann bekommt der Pull-Kanal Blog ein Push-Aspekt und damit eine breitere Leserschaft. – Vermarktung des Blogs bei Veranstaltungen
Ideen für Ausgestaltung	– Der Blog muss bei den Mitarbeitern beworben werden, weil er bei vielen voraussichtlich nicht bekannt ist. – Regelmäßige Eingabe und Kommentierung durch die Projektverantwortlichen ist notwendig. – Der Blog kann als „Storyboard" genutzt werden: Quick Wins kommunizieren, Erfahrungsberichte abfragen, weitere Best Practices identifizieren, ... – Falls die Diskussion von Kritik in Beschimpfen abrutscht, muss dies seitens der Projektverantwortlichen thematisiert und gegengesteuert werden. – Wenn vorab bestimmte Spielregeln festgelegt werden, können auch Kommentare gelöscht werden. – Falls sich die negativ Eingestellten eher zu Wort melden, kann dies zu einem verzerrten Meinungsbild führen. Dies kann durch Aktivierung von Befürwortern kompensiert werden. – Bei Bedarf können oder müssen die Mitarbeiter auch explizit aufgefordert werden, statt destruktiver Kritik konstruktive Gegenvorschläge zu unterbereiten.

53. Business TV

Kurz-beschreibung	Es wird ein kurzer Beitrag zum Veränderungsprojekt in das Programm des Unternehmensfernsehens eingespielt und im Sinne einer Endlosschleife immer wieder abgespielt. Sinnvoll ist eine Beschränkung auf die wesentlichen, für alle Mitarbeiter relevanten Informationen.
Zielgruppe	– Mitarbeiter – Führungskräfte
Ziel	– Aufmerksamkeit erzeugen – Positive emotionale Aufladung der Veränderung durch entsprechende Ansprache – Informationen zu aktuellen Veränderungsthemen an eine große Anzahl von Mitarbeitern
Timing	– Tägliche, wöchentliche Updates (je nach üblicher Nutzung des Business TV im Unternehmen)
Feedback-möglichkeit	– Nein
Vernetzung mit anderen Maßnahmen	– Berichterstattung über alle wesentlichen Maßnahmen möglich – Sensibilisierung für ein bestimmtes Thema (z.B. Start des Projekts oder Go live der IT) vor einer Veranstaltung zum gleichen Thema
Ideen für Ausgestaltung	– Extrem kostenintensiv, wenn der Kanal Business TV nicht ohnehin im Unternehmen etabliert ist – Schlechte Kosten-Nutzen-Relation, wenn der Kanal Business TV im Unternehmen zwar vorhanden aber bei den Mitarbeitern noch nicht etabliert bzw. akzeptiert ist. – Aktuelle Termine und Veranstaltungen zum Projekt können parallel im News-Ticker mitlaufen. – Mögliche Formate/Inhalte: Interviews, Reportagen, Kommentare, persönliche kurze Statements, ... – Bilder aus der Unternehmensrealität

54. Videobotschaft des Vorstands

Kurz-beschreibung	Der CEO erklärt in einem Video die Eckpfeiler des Veränderungsprojekts und sendet eine persönliche Botschaft (einerseits verständnisvoll/empathisch, andererseits klare Erwartungshaltung und Handlungsaufforderung)
Zielgruppe	– Führungskräfte – Mitarbeiter
Ziel	– Die Mitarbeiter sind aufgrund der persönlichen Ansprache und des sichtbaren Commitments des CEO motiviert – Die Mitarbeiter sind über die Vision/Mission informiert – Die Mitarbeiter sind für die bevorstehende Veränderung sensibilisiert – Das Wir-Gefühl wird gestärkt (wenn die persönlich-emotionale Ansprache gelingt)
Timing	- Einmalig zu Beginn des Veränderungsprojekts - Regelmäßig im Verlauf der Veränderung (wenn beim ersten Mal erfolgreich und von MA akzeptiert)
Feedback-möglichkeit	– keine
Vernetzung mit anderen Maßnahmen	– Ausstrahlung im Business TV – Einsatz bei Kickoff Veranstaltung – Möglichkeit zum Download und Anschauen auf Projektwebseite – Versendung Link zum Video per Email an alle Mitarbeiter
Ideen für Ausgestaltung	– Bei unternehmensweiten Veränderungen erscheint die Maske zum Abspielen des Videos beim Starten des Rechners – Die Mitarbeiter müssen die Botschaft aus dem Video beim nächsten Kontakt mit dem Vorstand wiedererkennen („walk the talk") – Es kann eine Kurz- und Langversion des Videos geben – Der Vorstand muss authentisch „rüberkommen". Dies erfordert in der Regel eine intensive Vorbereitung des Videos unter Einbeziehung des Vorstands. – Das Medium Video kann natürlich auch für andere Zwecke eingesetzt werden: Dokumentation des Baufortschritts am neuen Standort, Impressionen einer Veranstaltung, ...

55. Bildschirmschoner

Kurz-beschreibung	Als Bildschirmschoner erscheinen bei Nicht-Nutzung des Computers durch den Mitarbeiter Logo und Slogan des Projekts oder eine Bildserie mit Bezug zum Projekt.
Zielgruppe	– Alle Mitarbeiter des Unternehmens
Ziel	– Sensibilisierung für die Veränderung – Die Mitarbeiter zum Nutzen der Pull-Kanäle anregen
Timing	– Einmalig für einen bestimmten Zeitraum oder fortlaufend mit wechselndem Inhalt/Bildern
Feedback-möglichkeit	– Nein (außer vielleicht den Monitor aus dem Fenster werfen, weil mir der Bildschirmschoner auf den Keks geht)
Vernetzung mit anderen Maßnahmen	– Veranstaltungen können angekündigt werden – Ziel ist Anregung zur Nutzung der Pull-Kanäle
Ideen für Ausgestaltung	– Insbesondere bei unternehmensweiten Veränderungen sinnvoll. – Die Idee ist einfach umzusetzen, wenn der Bildschirmschoner von der IT-Abteilung vorgegeben ist. – Die Erstellung und Vermarktung des Bildschirmschoners sind aufwendiger, wenn die Mitarbeiter ihren Bildschirmschoner frei wählen können. In diesem Fall ist unter anderem Vorleben durch die Projektverantwortlichen und Führungskräfte notwendig. – Bei negativer Vorbelastung des Projekts kann eine alternative positive Darstellung im Gedächtnis verankert werden. – Maßnahme ist insbesondere dann sinnvoll, wenn es bei der Veränderung weniger um konkrete Fähigkeiten sondern mehr um die Erzeugung eines bestimmten Mindset geht: beispielsweise Erzeugung von Bewusstsein für die Notwendigkeit von Risikomanagement in großen Projekten.

56. Öffentliche Projektdokumentation

Kurz-beschreibung	Für das Projekt wird eine Datenbank- oder Laufwerkstruktur eingerichtet, auf die alle Mitarbeiter zugreifen können. Die standardisierte Aufbereitung und zentrale Steuerung der Information erfolgt durch den Kommunikationsmanager des Projekts, der auch als Ansprechpartner für weitere Informationen zur Verfügung steht.
Zielgruppe	– Alle Führungskräfte und Mitarbeiter
Ziel	– Information über Fortschritte bei der Umsetzung des Veränderungsprojekts – Die Mitarbeiter bekommen die Möglichkeit, die gesamte Materie zu durchdringen – Erleichterung der unternehmensweiten Implementierung von Best Practices – Vertrauensbeweis durch Offenlegung ausführlicher Informationen
Timing	– Laufende Befüllung im Verlauf des Veränderungsprojekts
Feedback-möglichkeit	– Nicht direkt
Vernetzung mit anderen Maßnahmen	– Zugang über Webseite des Projekts
Ideen für Ausgestaltung	– Die Aussage, dabei handle es sich um totes Wissen, das eventuell nicht aktiviert wird, ist zwar richtig aber keine Kritik an der Maßnahme. Denn die Dateien werden ohnehin irgendwo gespeichert und die Frage hier ist nur, ob interessierte Mitarbeiter darauf zugreifen können. – Geheime Informationen müssen natürlich weiterhin projektintern gespeichert werden. – Die Anforderungen an die Strukturierung und Aktualisierung der Dateiablage sind bei einem öffentlich zugänglichen Laufwerk theoretisch die gleichen wie bei der internen Projektablage. Eine unkontrollierte Materialansammlung führt zu Desorientierung, Frustration und Ineffizienz bei den Nutzern. In der Praxis erhöht die größere Zielgruppe vielleicht die Motivation der Verantwortlichen, das Laufwerk auch wirklich sauber zu halten.

57. Projektlogo und -slogan

Kurz-beschreibung	Bei ausreichend großen Projekten wird eine einprägsame Darstellungsmöglichkeit in Form von Wort und/oder Bild definiert. Dies kann ein Wort, eine Wortbildmarke, ein Symbol, ein Akronym, ein Kurztext (Claim) oder ähnliches sein.
Zielgruppe	Alle Mitarbeiter
Ziel	– Verankert die Veränderung bildlich bei den Mitarbeitern – Sichert Wiedererkennung auch bei flüchtigem Blick auf die Kommunikationsmaterialien – Ermöglicht die positive emotionale Aufladung des Veränderungsprojekts – Hilft den Mitarbeitern dabei, die Projektkommunikation von der Linienkommunikation zu trennen
Timing	Fortlaufend
Feedback-möglichkeit	– keine
Vernetzung mit anderen Maßnahmen	– Aktionslogo verpflichtend bei allen Maßnahmen der Veränderungskommunikation verwenden
Ideen für Ausgestaltung	– Logo, Slogan & Co sollten entweder ganz oder gar nicht angegangen werden. Dabei ist der Aufwand für die Entwicklung eines qualitativ hochwertigen Logos (inkl. zugehörigem Claim) für das Projekt nicht zu unterschätzen und im Budget einzuplanen. – Neben der gewählten Interpretation durch die Projektverantwortlichen gibt es immer auch weitere Interpretationsmöglichkeiten. Diese sollten antizipiert und bei der Entscheidung berücksichtigt werden. Zurzeit häufig genutzt sind in Anlehnung an das Internet Namen wie zum Beispiel „Methode XY 2.0" oder „Abteilung XY 3.0". Haben Sie sich schon einmal überlegt, welche Botschaft bei den Mitarbeitern ankommt? Gewünscht ist der positive Bezug zur Erfolgsgeschichte des Internets. Wahrscheinlicher ist aber die Wahrnehmung von technokratischem Denken und „herzlosen" Entscheidungen. – Logo und Slogan können sich neben dem Projektinhalt auch auf den Projektcharakter beziehen. Ein interessanter Begriff für Change Management in Restrukturierungsprojekten ist z.B. TransFAIR Management.

58. Kommunikationsrichtlinie und -vorlage

Kurz-beschreibung	Die Kommunikations- und Präsentationsvorlage enthält verbindliche Vorgaben für Sprachregelungen, Darstellungsweisen, Farbgebung, Tipps und Tricks für die Kommunikation über das Projekt: quasi das Corporate Design des Projekts.
Zielgruppe	– Alle Projektverantwortlichen und -mitarbeiter, die eine aktive Rolle in der Kommunikation spielen
Ziel	– Einheitliche Gestaltung der Kommunikation über die Veränderung – Steigerung der Effizienz durch Vorgabe und Wiederverwendung von Vorlagen
Timing	– Einmalige Festlegung und anschließend laufende Feinjustierung
Feedback-möglichkeit	– nein
Vernetzung mit anderen Maßnahmen	– Kommunikationstraining für mittlere Führungskräfte, Coaching der oberen Führungskräfte – Ablage auf Projektlaufwerk und Download-Möglichkeit auf Projekt-Webseite
Ideen für Ausgestaltung	– Die Kommunikationsverantwortlichen müssen mit gutem Beispiel vorangehen und die Vorlage selber konsequent anwenden. – Notwendig sind eine fortlaufende Kontrolle, ob die Vorgaben eingehalten werden, und eine entsprechende Sanktionierung (durch den Projektleiter) bei Nichteinhaltung. – Dass solche Vorlagen in der Praxis häufig von den Projekt- und Teilprojektleitern nicht verwendet werden, liegt nicht selten an der schlechten Kommunikation hierzu durch die Kommunikationsverantwortlichen. Klingt paradox, ist aber so, denn auch die Überzeugung von Projektleitern, auf eine bestimmte Art und Weise zu arbeiten, ist eine kleine Veränderung.

59. Give-away

Kurz-beschreibung	Kleine Artikel mit Aufdruck des Projektlogos/Slogans – mit oder ohne direktem Bezug zum Projekt – werden an die betroffenen Mitarbeiter verteilt.
Zielgruppe	– Alle Führungskräfte und Mitarbeiter
Ziel	– Erinnerungswirkung – positive Emotionalisierung der Veränderung
Timing	– Anlassbezogen (entweder als Ergänzung zu einer Veranstaltung oder unabhängig davon als eigenständige Aktion)
Feedback-möglichkeit	– Nein
Vernetzung mit anderen Maßnahmen	– Verteilung auf Veranstaltungen, an Informationsständen, etc. – Versendung in Kombination mit einem Brief des Vorstands
Ideen für Ausgestaltung	– Kompass, Taschenlampe oder Fernglas geben Orientierung. – Ein Springseil symbolisiert das Ziel, immer einen Schritt voraus zu sein. – Ein Taschenmesser ist vergleichbar mit dem Nutzen eines Toolkits bei der Einführung von Prozessmanagement. – Schreibblock, Kugelschreiber, Mouse Pad oder Tasse müssen ohnehin im Büro benutzt werden. – T-Shirts oder Schlüsselanhänger tragen das Projekt aus dem Büro ins Privatleben. – Ein Geschicklichkeitsspiel zeigt, wie aus ungeordneten Teilen ein sinnvolles „größeres Ganzes" wird, und ist daher ein Beispiel für den Prozess der Veränderung als solches.

60. Gewinnspiel

Kurz-beschreibung	Gewinnspiel zum Thema des Veränderungsprojekts unter allen Mitarbeitern. Es gibt sowohl „normale" als auch symbolkräftige Preise. Die Gewinner werden gelost.
Zielgruppe	– Alle Führungskräfte und Mitarbeiter
Ziel	– Das Projekt wird im Bewusstsein der Mitarbeiter verankert – Die Mitarbeiter werden motiviert, sich über das Projekt zu informieren (je nach Ausgestaltung des Gewinnspiels) – Für eine erfolgreiche Veränderung notwendiges Verhalten wird aktiviert (je nach Ausgestaltung des Gewinnspiels)
Timing	– Einmalig – Anlassbezogen
Feedback-möglichkeit	– Nein (außer vielleicht Anzahl der Teilnehmer am Gewinnspiel)
Vernetzung mit anderen Maßnahmen	– Ankündigung und Berichterstattung in Intranet, Newsletter und Mitarbeiterzeitschrift – Verlinkung bzw. Aufhängung des Gewinnspiels auf der Projektwebseite
Ideen für Ausgestaltung	– Die Frage ist, was ein Mitarbeiter tun kann bzw. muss, um am Gewinnspiel teilzunehmen. Dies kann der Besuch der Webseite sein, eine Mindestverweildauer auf der Webseite, die Anmeldung zum Newsletter, die Teilnahme an einer Meinungsumfrage auf der Webseite und vieles mehr. – Hilfreich ist die Verlinkung des Gewinnspiels mit der Aktivierung eines gewünschten Verhaltens (z.B. aktives Kundtun der eigenen Meinung in Form der Teilnahme an einer Meinungsumfrage)

61. Wettbewerb

Kurz-beschreibung	Es findet ein Wettbewerb zum Thema des Veränderungsprojekts unter allen Mitarbeitern statt. Die Gewinner werden durch Juryentscheidung bestimmt. Die Preisüberreichung erfolgt durch die Geschäftsleitung bei einer internen Veranstaltung.
Zielgruppe	– Mitarbeiter
Ziel	– Das Projekt wird im Bewusstsein der Mitarbeiter verankert – Das Veränderungsprojekt wird positiv emotional aufgeladen – Die Ideen der Mitarbeiter werden in das Projekt eingebunden (je nach Ausgestaltung des Wettbewerbs)
Timing	– Einmal (bei langer Laufzeit des Projekts eventuell zwei- oder dreimal)
Feedback-möglichkeit	– Bei entsprechender Ausgestaltung ist Feedback Sinn des Wettbewerbs
Vernetzung mit anderen Maßnahmen	– Ankündigung und Berichterstattung in Intranet, Newsletter und Mitarbeiterzeitschrift – Verlinkung bzw. Aufhängung des Gewinnspiels auf der Projektwebseite
Ideen für Ausgestaltung	– Arten des Wettbewerbs: Fotowettbewerb, Ideenwettbewerb, Wissenswettbewerb – Der Wettbewerb wird durch die Geschäftsleitung ausgeschrieben, um die entsprechende Aufmerksamkeit zu erzeugen. Idealerweise beteiligt sich die Geschäftsleitung auch am Wettbewerb. – Statt durch eine Jury kann die Auswahl der Gewinner auch durch eine Abstimmung aller Mitarbeiter (z.B. durch Ausstellung der Ergebnisse im Intranet) erfolgen. – Bei der Preisverleihung muss darauf geachtet werden, dass nicht ausgesuchte Bewerber nicht demotiviert werden – Beim Ideenwettbewerb kann die Sorge bestehen, dass dem Gewinner der „Streber-Stempel" gegeben wird ("Mitarbeiter des Monats"). Dies würde wahrscheinlich zu geringerer Teilnahme führen. Daher muss der Wettbewerb entsprechend kommunikativ begleitet werden. – Bei der Ausgestaltung muss darauf geachtet werden, dass der Wettbewerb nicht aufgesetzt wirkt.

Kapitel 8

Wechselwirkung von Kommunikationsmaßnahmen

172

Wissen über die einzelnen Kommunikationsmaßnahmen ist wichtig. Ebenso hängt erfolgreiche Veränderungskommunikation aber von der effektiven Kombination der einzelnen Kommunikationsmaßnahmen ab. Voraussetzung hierfür ist das Wissen über die Wechselwirkung zwischen verschiedenen Kommunikationsmaßnahmen. Daher erläutern wir diese Wechselwirkungen in diesem Kapitel an 12 Beispielen. In Abbildung 8.1 stellen die Rauten Kommunikationsmaßnahmen dar. Die Pfeile zeigen die Wirkung einer Maßnahme auf eine Folgemaßnahme.

Abbildung 8.1: Wechselwirkung zwischen Kommunikationsmaßnahmen [35]

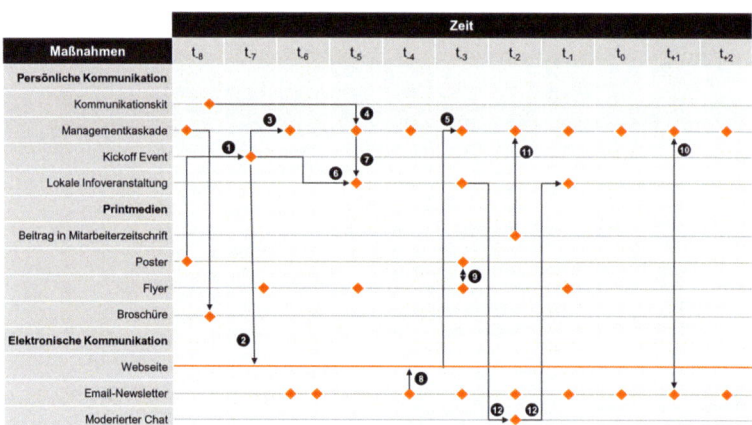

(1) Vorbereitung des Kickoff Events: Zentrales Element der Kommunikation ist häufig ein Kickoff Event. Dessen Hauptnutzen ist neben einheitlicher Information die Beantwortung der Fragen der betroffenen Mitarbeiter durch die Projektverantwortlichen für die Veränderung und/oder durch lokale Führungskräfte. Die Erfahrung zeigt, dass die typische Zurückhaltung bezüglich des Stellens von Fragen bei großen Gruppen dadurch gemindert werden kann, dass die Mitarbeiter ein gewisses Wissen über die Veränderung bereits vor der Veranstaltung haben und sich daher ihre Fragen vorab überlegen können. Wir empfehlen Ihnen mindestens zwei verschiedene Maßnahmen wie beispielsweise

---

[35]   In Anlehnung an Wagner (2006)

Broschüren, Flyer, Emails oder Beitrag in der Mitarbeiterzeitung. Die Webseite ist weniger geeignet, da noch zu wenig Aufmerksamkeit für die Veränderung besteht, als dass die Mitarbeiter von sich aus aktiv nach Informationen suchen.

(2) Webseite nach dem Kickoff Event: Neben der Vorbereitung braucht eine Großveranstaltung auch eine saubere Nachbereitung. Dies liegt unter anderem daran, dass insbesondere ein Kickoff Event häufig mehr Fragen aufwirft als es beantwortet. Zudem wird Interesse für die Veränderung erzeugt. Unabhängig davon wollen die meisten Mitarbeiter ab der Erstinformation regelmäßig über eine Veränderung informiert werden. Dies ist der richtige Zeitpunkt für die Vermarktung des Intranetauftritts zum Projekt. Die Mitarbeiter können die Veranstaltung nacharbeiten (Vorträge, Bilder, Videos, ...) und sich zu den Themen vertieft informieren, die sie besonders interessieren.

(3) Teambesprechungen nach dem Kickoff Event: Selbstverständlich ist ein elektronischer Kommunikationskanal, den die Mitarbeiter ungefragt aktiv nutzen sollen, voraussichtlich nicht ausreichend, um ein Kickoff Event nachzubereiten. Die Mitarbeiter erwarten in vielen Fällen von ihren direkten Vorgesetzten, dass diese in Teambesprechungen die Auswirkung der Veränderung auf ihren Bereich oder ihr Team herunterbrechen und stellen dementsprechende Fragen. Der direkte Vorgesetzte ist und bleibt die bevorzugte Quelle von Informationen während Veränderungsprozessen.

(4) Kommunikationskit für die Führungskräfte vor den Teambesprechungen: Eine systemimmanente Einschränkung der Managementkaskade bei top-down Veränderungen ist das fehlende Wissen und gegebenenfalls auch die fehlende positive Einstellung bei den Führungskräften selber. Dementsprechend sind die Einbindung der Führungskräfte in den Veränderungsprozess und die Versorgung mit entsprechenden Kommunikationsmaterialien eine notwendige Voraussetzung für eine effektive Managementkaskade. Geeignet wäre hier beispielsweise ein Kommunikationskit wie im vorherigen Kapitel vorgestellt.

(5) Webseite vor Teambesprechungen: Die Informationen, die Mitarbeiter auf der Webseite erhalten, und wahrscheinlich auch die Infos, die sich nicht erhalten, können ebenfalls die Diskussion und das Stellen von Fragen in Teambesprechungen anregen. Bei entsprechender Attraktivität und Funktionalität der Webseite zieht sich diese Wechselwirkung über den gesamten Prozessverlauf hin. Erhöht werden kann der Effekt dadurch, dass die Teamleiter selber auf die Webseite schauen und ausgewählte Themen direkt ansprechen.

(6) Lokale Veranstaltungen nach dem Kickoff Event: Aufgrund der Lücke zwischen Kickoff Event und Teambesprechungen in Bezug auf Redner, Gruppengröße und Inhalte bieten sich lokale Veranstaltungen pro Bereich oder Standort an. In lokalen Veranstaltungen kann das dortige Management die Auswirkung der Veränderung auf den eigenen Bereich interpretieren und das Herunterbrechen auf die einzelnen Teams beauftragen. Somit gibt es ein Bindeglied zwischen zentralem Event und der Ebene der einzelnen Teams. Beim Kickoff Event kann beispielsweise die grobe Stoßrichtung der Veränderung einschließlich Hintergrundinformationen aufgezeigt werden, während die alle 2 Monate stattfindenden lokalen Veranstaltungen den aktuellen Stand aufzeigen sowie das weitere Vorgehen und die Verantwortlichkeiten im jeweiligen Bereich aufzeigen. Bei entsprechend großen Projekten bietet es sich zudem an, die lokalen Events im Sinne einer Serie regelmäßig stattfinden zu lassen. Nach dem Kickoff Event des Gesamtprojekts kann beispielsweise nach Bedarf alle 6 Wochen ein einzelnes Teilprojekt vorgestellt und seine Auswirkung auf den Bereich dargestellt werden. Somit wird sowohl das Gesamtbild vorgestellt aber gleichzeitig auch die komplexe Veränderung in verdaubare Happen unterteilt.

(7) Teambesprechungen und lokale Veranstaltungen: Die obigen Wechselwirkungen zeigen, dass bei entsprechender Abstimmung der Redner und Inhalte eine Vielzahl persönlicher Kommunikationsmaßnahmen hilfreich ist. Dies gilt insbesondere dann, wenn ohne Zusatzaufwand auf die bestehende Linienkommunikation aufgesprungen werden kann. Die Gefahr hierbei besteht allerdings in einer möglichen Redundanz der Inhalte. Wenn die Mitarbeiter sich in einer Abteilungsbesprechung langweilen, weil sie die Inhalte 1:1 bereits vorab und glaubwürdiger in ihrer Teamsitzung erhalten haben, dann wird dies kontraproduktiv. Zudem reduziert es die Aufmerksamkeit bei der nächsten Veranstaltung und wirkt indirekt auch hier effektivitätsmindernd. Bis die Mitarbeiter merken, dass sie aufpassen hätten sollen, ist der Vortrag meist schon vorbei. Auch der beste Redner kann bei Desinteresse nur begrenzt Nutzen stiften.

(8) Email-Newsletter und Webseite: Eine einfach zu erzeugende positive Folgewirkung ist eine Verlinkung vom Email-Newsletter in das Intranet. Selbst wenn der Newsletter selber keine zwingend erforderlichen Informationen enthält, ist er dennoch nützlich, wenn er zur Nutzung der Webseite anregt. Durch Bereitstellung des Newsletters direkt auf der Webseite und Versendung eines Links per Email kann dieser Folgeeffekt verbessert werden.

(9) Flyer und Plakate: Bei Versendung eines Flyers in Papierform kann eine Wechselwirkung mit ähnlich gestalteten Plakaten erzeugt werden. Die Plakate sind jederzeit und für jedermann zugänglich und enthalten die wesentlichen Aspekte der Veränderung: Ziel, Vorgehen, Beteiligte und vielleicht sogar Messkriterien. Folgende Frage habe ich in diesem Zusammenhang von vielen Interviewpartnern gehört:

„Angenommen, ich stehe als Mitarbeiter eigentlich dahinter: Wie erkenne ich, dass wir auf dem richtigen Weg sind?"

Anhand der Statusberichte im Flyer erkennen die Mitarbeiter, wie weit die Veränderung bereits voran geschritten ist. Zudem besteht die Möglichkeit, einzelne Aspekte der Veränderung dem Anlass entsprechend auf 1-2 Seiten zu vertiefen. Zudem führt bei periodischem Update der Plakate die Wechselwirkung zwischen den beiden Maßahmen zu einer Wahrnehmung regelmäßiger Kommunikation, was wiederum die grundsätzliche Wahrnehmung der Veränderung positiv beeinflusst.

(10) Newsletter und Teambesprechungen: Eine negative Folgewirkung kann die Versendung eines Newsletters bei Veränderungen haben, die in der Wahrnehmung der Mitarbeiter negativ belegt sind. Beispielsweise haben sich die Mitarbeiter einer Restrukturierung einmal bei uns beschwert, dass sie Neuigkeiten aus dem Newsletter erfahren haben anstatt persönlich informiert worden zu sein. Die geplante Diskussion der Inhalte des Newsletters in der Teamsitzung, auf die die Teamleiter inhaltlich und methodisch vorbereitet worden waren, fiel dann leider aus, weil die Mitarbeiter stattdessen ihren Unmut über die Kommunikationspolitik geäußert haben. Zudem war das Vertrauen in die Teamleiter gestört, weil diese die Erwartung ihrer Mitarbeiter – wenn auch unverschuldet – nicht erfüllt hatten. Aber immerhin hatte das Ganze einen positiven Nebeneffekt: Die geballte Rückmeldung der Teamleiter führte im Anschluss an eine Intensivierung der Kommunikation und an eine Anpassung an die Bedürfnisse der Mitarbeiter.

(11) Mitarbeiterzeitschrift und Teambesprechungen: Ein Artikel zur Veränderung in der Mitarbeiterzeitschrift kann, auch wenn er sich nicht direkt an die Zielgruppe richtet, einen positiven Effekt erzeugen. Dafür muss der Artikel allerdings in Form einer anderen Kommunikationsmaßnahme aufgegriffen werden und darauf verwiesen werden, dass dieser Artikel die Wichtigkeit der Veränderung unterstreicht. Alternativ kann der Teamleiter den Artikel als Aufhänger nehmen, einfach mal wieder über den Stand der Umsetzung der Veränderung zu reden.

(12) Diskussionsforum / Livechat zwischen Veranstaltungen:
Wie im vorherigen Kapitel aufgezeigt, kann der Auftritt des
Projekts im Intranet um verschiedene Aspekte wie beispielsweise
Feedbackformular, Diskussionsforum oder Live Chat ergänzt
werden. Dies sind geeignete Formen, um den direkten Dialog
zwischen Projektverantwortlichen und betroffenen Mitarbeitern
auch zwischen den Veranstaltungen aufrecht zu halten.

**Beispiel für die Anwendung des Wissens über die
Wechselwirkungen**

Eine große europäische Bank restrukturiert ihren Vertrieb
inklusive Filialgeschäft. Aufgrund der Komplexität der
Veränderung und der Vielzahl der betroffenen Mitarbeiter ist eine
Vielzahl an Kommunikationsmaßnahmen sinnvoll (siehe
Abbildung 8.2). Die 10.000 Mitarbeiter verteilen sich dabei auf
9 Regionen und jede Region besteht wiederum aus mehreren
Gebieten.

Eine Vorgabe für die Kommunikation ist gemäß der Prinzipien
erfolgreicher Veränderungskommunikation die Sicherstellung
regelmäßiger persönlicher Kommunikation mit den betroffen
Mitarbeitern durch die Verantwortlichen für die Veränderung. Da
bestehende Kaskaden und Kontakte aufgrund der Restrukturierung entweder nicht mehr vorhanden sind oder als nicht
zuverlässig betrachtet werden, muss eine in sich schlüssige
persönliche Kommunikation für die Dauer der Veränderung
geschaffen werden.

Aufgrund des Verhältnisses von einem verantwortlichen Vorstand
zu 10.000 betroffenen Mitarbeiter sind die Möglichkeiten für
direkte Kommunikation begrenzt. Als Kickoff wird eine Serie von
9 halbtägigen Roadshows in den 9 Regionen durchgeführt. Direkt
nach Abschluss der letzten Roadshow wird eine Diskussionsreihe
gestartet, bei der der verantwortliche Vorstand alle 2 Wochen in
ein Gebiet fährt und 2 Stunden mit allen interessierten
Mitarbeitern über die Veränderung redet und Fragen beantwortet.
Somit wird kontinuierliche Kommunikation, wenn auch mit

wechselnden Teilnehmern seitens der betroffenen Mitarbeiter, ermöglicht.

Um allen anderen Mitarbeiter ebenfalls persönliche Kommunikation mit dem oberen Management zu ermöglichen, werden die Leiter der Regionen und Gebiete sowohl inhaltlich als auch kommunikativ fit gemacht, um geeignete Kommunikationsmaßnahmen in ihrem Verantwortungsbereich durchführen zu können (und dies auch wollen). Dies ist ein Beispiel für die aktive Schaffung von Kommunikationskanälen zur Sicherstellung der Effektivität.

Abbildung 8.2: Beispiel für Wechselwirkung von Kommunikationsmaßnahmen[36]

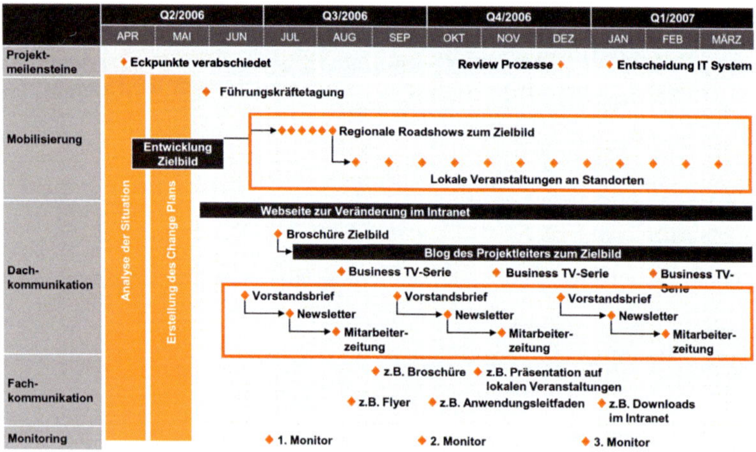

Einfacher gestaltet sich die Sicherstellung der Verflechtung der Kommunikation bei den gedruckten Kommunikationskanälen, denn es gibt im betroffenen Vertriebsgeschäft drei Printmedien, die jeweils quartalsweise erscheinen und sich mehr oder weniger gleichmäßig auf das Quartal verteilen. Die Kunst besteht darin, zuerst die Verantwortlichen für die Veränderung und dann die Verantwortlichen für die Medien davon zu überzeugen, dass jedes Mal ein Beitrag zur geplanten Veränderung erscheinen soll. Wenn hierfür das Commitment vorliegt, muss „nur noch" die

---

[36]   Eigene Darstellung

Lieferung der Inhalte aus dem Projekt und die Erstellung der Texte und Fotos durch die internen Kommunikationsexperten koordiniert werden. Dies ist ein Beispiel für effiziente Kommunikationsplanung bei gleichzeitiger Sicherstellung regelmäßiger Kommunikation.

Kapitel 9

Multiplikatorenansatz [37]

Es gibt Situationen in Projekten, in denen eine große Anzahl von kompetenten UND glaubwürdigen Multiplikatoren auf verschiedenen Ebenen in verschiedenen Funktionen an verschiedenen Standorten benötigt wird. Manchmal sind die Zielgruppen so strukturiert, dass eine Zielgruppe diese Aufgabe übernehmen kann. Häufig ist dies jedoch nicht der Fall. Dann müssen diese Personen gesucht und zu einer Gruppe „gemacht" werden. Dafür ist der Multiplikatorenansatz gedacht.

Wirkung des Multiplikatorenansatzes

Der Einsatz von Multiplikatoren ist nicht nur eine weitere Kommunikationsmaßnahme, sondern ein maßnahmenübergreifender Ansatz. Es ist eine hervorragende Möglichkeit zur Steigerung der Effektivität der Kommunikation, wenn andere Maßnahmen im Bereich der persönlichen Kommunikation begrenzt erfolgversprechend sind. Hierfür gibt es gleich mehrere Gründe:

- Die Verfügbarkeit des Top Managements für persönliche Kommunikation mit Mitarbeitern auf den unteren Hierarchieebenen ist begrenzt.
- Aufgrund der Rolle des Top Managements oder aufgrund des Verhaltens in der Vergangenheit kann ein Vertrauensproblem bestehen.
- Die Kommunikation über die Managementkaskade ist nur begrenzt effektiv, weil Informationsverluste unvermeidbar sind.
- Es besteht die Gefahr, dass das mittlere Management die Veränderung nicht ausreichend unterstützt.
- Die direkten Vorgesetzten sind zwar in der Regel die bevorzugte Quelle für Informationen über eine Veränderung, häufig mangelt es ihnen aber selber an Informationen, um ihre Mitarbeiter von der Veränderung überzeugen zu können.

Der Einsatz von Multiplikatoren kompensiert diese Schwächen auf zwei Arten:

- Die Glaubwürdigkeit und Richtigkeit der Informationen, die über die verschiedenen Hierarchieebenen kommuniziert werden, wird erhöht, indem den Multiplikatoren eine offizielle Rolle bei diesen Kommunikationsmaßnahmen gegeben wird.

- Die Projektverantwortlichen erhalten eine alternative Möglichkeit zur persönlichen Kommunikation über die verschiedenen Ebenen. Im Prinzip wird für die Dauer des Projekts ein zusätzliches Netzwerk an Kommunikatoren parallel zur Linienorganisation geschaffen.

Ein Multiplikatorenansatz bietet sich insbesondere dann an, wenn eine Veränderung verschiedene Aspekte des Unternehmens betrifft (beispielsweise eine neue Struktur, mit neuen Prozessen und Aufgabenverteilungen, basierend auf einem neuen IT-System) und wenn die Veränderung regelmäßige persönliche Kommunikation über alle Ebenen an verschiedenen Standorten über einen längeren Zeitraum verlangt. Grundsätzlich ist Kommunikation bei tiefgreifenden Veränderungen noch wichtiger als bei „normalen" Veränderungen. Zudem ist der Return on Investment des Multiplikatorenansatzes umso größer, je länger und intensiver die Multiplikatoren eingesetzt werden.

184

Nehmen wir ein Beispiel: Ein Automobilkonzern will einen neuen Recruitingprozess mit dazugehörigem neuem IT-System an allen deutschen Standorten einführen. 70.000 Mitarbeiter verteilt auf 5 große und mehrere kleinere Standorte sind unterschiedlich stark von der Veränderung betroffen. Die Herausforderung für das Projektteam bestand darin, dass sich alle Mitarbeiter so verhalten, wie es im Business Case des Projekts beschrieben ist. Denn das Projektteam wusste, dass das Investment von 5 Mio. Euro nicht zu den erhofften Einsparungen von 7 Mio. führen würde, wenn die Mitarbeiter den neuen Prozess nicht zeitnah annehmen und das neue System richtig nutzen würden. Die Idee hinter dem gewählten Multiplikatorenansatz bestand darin, die Veränderung einer Zielgruppe nach der anderen zu erklären, ihnen Zeit zu geben, um die Veränderung zu akzeptieren, und ihnen dann die Verhaltensanforderungen deutlich zu machen (siehe Abbildung 9.1). Die 50 gewählten Multiplikatoren waren der Schlüsselfaktor, um die Lücke zwischen den 10 Menschen im Projektteam und den 1.000 Menschen in der nächsten Zielgruppe zu überbrücken. Eine klar definierte Kommunikationskaskade – zusätzlich zur bestehenden Linienorganisation – wurde vorübergehend für die Einführung der Veränderung aufgestellt.

Abbildung 9.1: Logik des Multiplikatorenansatzes [38]

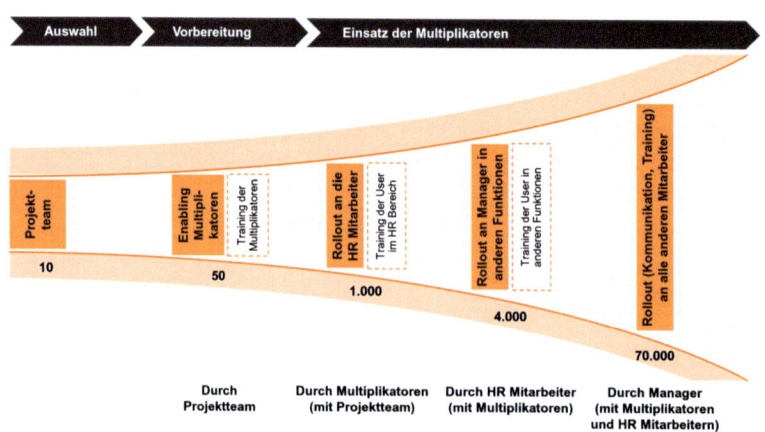

[38]   In Anlehnung an Wagner (2006)

Rolle der Multiplikatoren

Die Rolle der Multiplikatoren ist im Wesentlichen die eines glaubwürdigen Kommunikators. Ihre zentrale Verantwortung ist ein Beitrag zur Verbesserung des Verständnisses und der Akzeptanz des Projekts bei den betroffenen Mitarbeitern. Damit der Multiplikatorenansatz die geplante Wirkung erzielen kann, sollten Multiplikatoren die folgenden Verantwortlichkeiten übertragen bekommen:

- Die Multiplikatoren sollten den Verantwortlichen für Change Management bei der Feinjustierung des zentralen Rollout Plans helfen.

- Sie sollten den lokalen Rollout Plan entwickeln. Dadurch werden die Sichtweisen der dezentralen Standorte in den Planungsprozess integriert.

- Die Multiplikatoren sollten eine aktive Rolle in der Kommunikation über das Projekt spielen. Sie sollten die Veränderung erklären und die Fragen der anderen Mitarbeiter beantworten.

- Sie sollten die Kommunikation zwischen den Projektverantwortlichen und den betroffenen Mitarbeiter fördern – von oben nach unten und von unten nach oben.

- Die Multiplikatoren sollten eine Übersetzungsfunktion wahrnehmen, indem sie die Informationen aus dem Projektteam auf die Situation in ihren Abteilungen herunter brechen. Sie sollten dabei in der Lage sein, genau die Fragen zu beantworten, die Mitarbeiter bei Veränderungen immer stellen: „Was bedeutet die Einführung des neuen Prozesses für uns hier in der Abteilung?"

Zeitaufwand der Multiplikatoren

Die Zeit, die Multiplikatoren für das Ausfüllen ihrer Rolle benötigen, hängt von der Komplexität der Veränderung und vom Verhältnis zwischen Multiplikatoren und restlichen Mitarbeitern ab. Dabei sollte die Arbeitsbelastung 2 Tage pro Woche nicht überschreiten, weil Multiplikatoren sonst ihren normalen Linienjob nicht mehr wahrnehmen können. Während Multiplikatoren ihre Linienaufgaben natürlich zurückfahren müssen, würde eine Herausnahme der Multiplikatoren aus dem Tagesgeschäft zu verschiedenen Problemen führen:

- Sie wären selber nicht mehr von der Veränderung betroffen und hätten es daher schwerer, die Auswirkung der Veränderung zu verstehen.

- Sie wären weniger glaubwürdig als Kommunikator, weil sie als Teil des Umsetzungsteams wahrgenommen würden und nicht mehr als Teil der Betroffenen.

- Es wäre schwieriger, sie in die neue Struktur zu integrieren, nachdem die Veränderung eingeführt worden ist.

Die tatsächliche Arbeitsbelastung der Multiplikatoren wird im Verlauf der Umsetzung variieren. Hochphasen sind gegen Ende der Planungsphase und während der Kommunikationswellen zu bestimmten Meilensteinen zu erwarten.

Kriterien für die Auswahl der Multiplikatoren

Die Effektivität des Multiplikatorenabsatzes hängt unter anderem davon ab, wer als Multiplikator ausgewählt wird. Um ihre Rolle als glaubwürdige Kommunikatoren wahrnehmen zu können, müssen die Multiplikatoren von den anderen Zielgruppen akzeptiert sein und ein gewisses Level an Kommunikationsfähigkeit besitzen.

Die folgenden Charakteristika sind besonders relevant:

1. Multiplikatoren sollten selbst von der Veränderung betroffen sein.

2. Sie sollten aus der gleichen Gruppe kommen wie diejenigen, mit denen sie kommunizieren werden: beispielsweise Hierarchieebene, Funktion, Standort, ...

3. Sie sollten die Auffassungsgabe besitzen, die Veränderung und ihre Auswirkung in einem überschaubaren Zeitraum durchdringen zu können.

4. Multiplikatoren brauchen gute Kommunikationsfähigkeiten, um die Veränderung auf geeignete Weise erklären zu können.

5. Multiplikatoren brauchen die Fähigkeit zum Netzwerken, um eine ausreichend große Anzahl von Mitarbeitern persönlich zu erreichen.

Die Berücksichtigung der ersten drei Kriterien erhöht die Wahrscheinlichkeit, dass Multiplikatoren bereit und fähig für die Unterstützung der Veränderung sind und dass die anderen Mitarbeiter sie als „einen von uns" wahrnehmen. Dieser Zugehörigkeitsbonus und die gemeinsamen Erfahrungen von anderen Mitarbeitern und Multiplikatoren in der Vergangenheit sind zwei wesentliche Aspekte, die die Wahrnehmung der Glaubwürdigkeit eines Kommunikators beeinflussen. Zudem sind Gruppenzugehörigkeit und eigene Betroffenheit von der Veränderung Voraussetzung dafür, die Bedenken und Unsicherheiten der anderen Mitarbeiter zu verstehen.

Letztendlich haben die Multiplikatoren nur bei Erfüllung der drei ersten Kriterien das gleiche Hintergrundwissen wie die anderen Mitarbeiter und sprechen nur dann wirklich die gleiche Sprache.

Die letzten beiden Charakteristika stellen sicher, dass die bereits vorhandene Kommunikationsfähigkeit der Multiplikatoren zu Beginn der Vorbereitungsphase ausreicht. Ohne diese Voraussetzung würde die Zeit für die Vorbereitung nicht ausreichen bzw. der Multiplikatorenansatz würde zu teuer.

Die Auswahl von Multiplikatoren an jedem Standort ist notwendig, weil andere Mitarbeiter die wichtigen lokalen Begebenheiten nicht kennen können und daher nicht in der Lage sind, die Fragen der dortigen Mitarbeiter zu beantworten. Zudem raten wir stets zu einer Mischung von Mitarbeitern aus verschiedenen Funktionen. Im oben genannten Beispiel aus dem Automobilunternehmen kamen 80% der Multiplikatoren aus den zentralen und lokalen Recruitingteams und 20% aus anderen Personalbereichen. Den Nutzen dieser Durchmischung gaben selbst die ursprünglich skeptischen lokalen Rollout Manager zu:

> *„Recruiter sind die Experten, während die anderen Personalmitarbeiter bessere Beziehungen zu den Führungskräften der Fachbereiche haben".*

Prozess für die Auswahl der Multiplikatoren

Bezüglich des Auswahlprozesses gibt es mehrere Möglichkeiten. Erstens kann der verantwortliche Bereichs- oder Abteilungsleiter auf Basis der fünf Kriterien einen Mitarbeiter auswählen und ihn fragen, ob er die Rolle des Multiplikators wahrnehmen möchte. Zweitens können die Mitarbeiter ausgewählt werden, die als erstes von der Veränderung betroffen sein werden. Während diese Alternative äußerst praktisch ist, darf die Kommunikationsfähigkeit nicht vergessen werden. Drittens können die Mitarbeiter selber einen Multiplikator aus ihren Reihen bestimmen. Dies erhöht die Wahrscheinlichkeit, dass der Multiplikator von den anderen Mitarbeitern akzeptiert wird. Diese Alternative ist jedoch mit Vorsicht zu genießen, weil die Mitarbeiter eventuell den Multiplikator aus anderen Gründen als dessen Kommunikations- und Multiplikationsfähigkeit wählen. Die Eignung der verschiedenen Alternativen hängt von der jeweiligen Situation im Projekt ab. Im oben genannten Projekt wurden alle drei Alternativen gewählt, weil die verantwortlichen Rollout Manager an den einzelnen Standorten unterschiedliche Meinungen zu dem Thema hatten. Und diese unterschiedlichen Meinungen wurden von den Verantwortlichen im Projekt akzeptiert.

Diese Abstimmung zwischen den Verantwortlichen im Projekt und am Standort ist übrigens in der Kommunikation allgemein und vor allem bei der Auswahl der Multiplikatoren von entscheidender Bedeutung. Können Sie sich vorstellen, dass auch nur ein einziger Linienmanager, der den Nutzen des Multiplikatoren-ansatzes nicht sieht, dennoch zwei Mitarbeiter teilweise freistellt und bei sich am Standort frei handeln lässt? Oder dass ein Linienmanager einen Mitarbeiter freistellt, ohne zu wissen, wie viel Aufwand dies bedeutet?

Vorbereitung der Multiplikatoren

Stellen Sie sich die folgende Situation vor:

> Ein Mitarbeiter fragt einen Multiplikator: *„Und was denkst Du über das Projekt?"* Der Multiplikator antwortet: *„Ich find's ganz gut, aber ich habe es auch noch nicht ganz verstanden."*

Als mir ein Mitarbeiter diese Situation in einem Interview geschildert hat, dachte ich, er macht einen Witz. Leider nicht. Denn genau so hat der Dialog in einem Restrukturierungsprojekt stattgefunden. Die negativen Konsequenzen können Sie sich denken: Dem Mitarbeiter war nicht weitergeholfen, der Multiplikator war nicht mehr akzeptiert, der Return auf das Investment in die Multiplikatoren fand nicht im geplanten Maße statt ...

Dieses Beispiel zeigt, dass ein Multiplikator viel mehr als die anderen Mitarbeiter wissen muss. Die Vorbereitung der Multiplikatoren sowohl hinsichtlich Wissen und Akzeptanz der Veränderung als auch hinsichtlich der Bereitschaft und Fähigkeit, als Multiplikator zu agieren, ist der entscheidende Erfolgsfaktor beim Multiplikatorenansatz. Natürlich gibt es verschiedene Wege zur Vorbereitung der Multiplikatoren. In Studien[39] kommen einige Erfolgsfaktoren aber immer wieder vor, weil sie das Verhalten der Multiplikatoren und damit die Effektivität der Veränderungskommunikation entscheidend beeinflussen (siehe Abbildung 9.2).

Mindestens ein **Präsenzworkshop** mit allen Multiplikatoren ist ein Muss. Zwei Workshops haben voraussichtlich die beste Kosten-Nutzen-Relation. Im oben genannten Projekt haben wir zwei Workshops im Abstand von zwei Monaten durchgeführt. Der erste Workshop diente der Klärung der Rolle der Multiplikatoren und dem Verständnis des Projekts. Uns war wichtig, dass ein Gemeinschaftsgefühl entstand und die Multiplikatoren ihre Rolle annehmen. Der zweite Workshop hat auf dem ersten Workshop

---

[39] Unter anderem Wagner (2006)

aufgebaut und konzentrierte sich auf den Aufbau der notwendigen Fähigkeiten.

Um ein Verständnis der Veränderung und die notwendige positive Einstellung gegenüber der Veränderung zu erzeugen, bieten sich standardmäßig **Präsentationen** und **Grafiken** an. Eine sinnvolle Ergänzung hierzu sind **Simulationen**, in denen die Multiplikatoren persönlich erfahren, wie sich die Veränderung anfühlt. In unserem Beispiel konnten die Multiplikatoren erleben, wie Führungskraft, Personalmanager, Personalsachbearbeiter, Recruiting-Experte und Bewerber handeln sollten und wie es sich anfühlt, wenn man anders behandelt wird. Wenn die Veränderung ein neues IT-System umfasst, macht der Einsatz einer **Vorabversion des neuen Systems Sinn**, um das Verständnis und die Akzeptanz zu erhöhen.

Abbildung 9.2: Wirkung verschiedener Aspekte der Multiplikatorenvorbereitung [40]

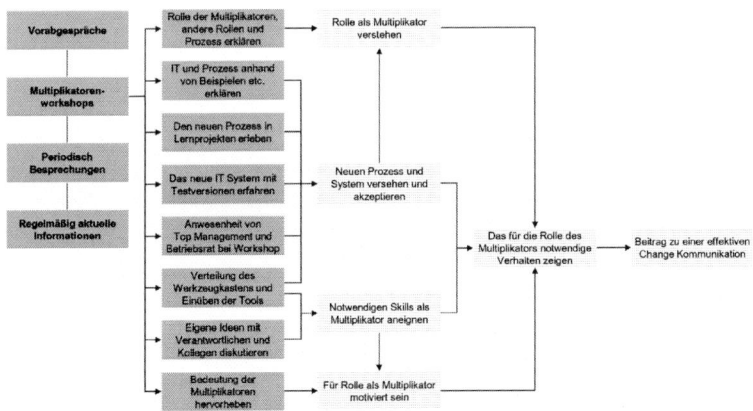

Ein weiterer Faktor, der die Wahrnehmung der Veränderung durch die Multiplikatoren beeinflusst, ist ihre Wahrnehmung davon, wer die Veränderung unterstützt. Daher ist die zumindest temporäre **Teilnahme von oberem Management und Projektleitung bei den Workshops** Pflicht. Dies signalisiert die Wichtigkeit der Veränderung und unterstreicht die Bedeutung der

---

[40] In Anlehnung an Wagner (2006)

Multiplikatoren im Veränderungsprozess. Darüber hinaus wollen die Multiplikatoren erfahrungsgemäß wissen, ob lokale Führungskräfte und der Betriebsrat die Veränderung unterstützen. Um einen betroffen Mitarbeiter in einem meiner Projekte zu zitieren:

> *„Wie sollte das Ganze funktionieren, wenn die Hierarchen hier bei uns und die Arbeitnehmervertreter dagegen wären. Das wäre doch zum Scheitern verurteilt. Da würde ich nicht mitmachen."*

Die Bereitstellung eines **Werkzeugkastens** ist ebenfalls ein Muss, damit sich die Multiplikatoren das notwendige Wissen über die Veränderung und ihre Rolle aneignen können. Ein Werkzeugkasten enthält die benötigten Hintergrundinformationen (z.B. über die Gründe für die Veränderung), eine Standardpräsentation über das Projekt und zahlreiche pragmatische Tipps für die Kommunikation. Beispielsweise befähigen FAQ die Multiplikatoren dazu, die Veränderung nicht nur zu erklären, sondern auch kritische Fragen beantworten zu können.

Neben der Bereitstellung des Werkzeugkastens ist das **Anwenden und Üben der Werkzeuge in den Multiplikatorenworkshops** der eigentlich Erfolgsfaktor. Die Kommunikationsfähigkeit der Multiplikatoren wurde zwar bei der Auswahl berücksichtigt, dennoch sind sie erfahrungsgemäß keine Experten für Präsentationen und Diskussionen im Kontext von Veränderungsprozessen und könnten sich ohne intensive Vorbereitung unnötig schwer tun. Feedback am Ende unserer Multiplikatorenworkshops klingt zum Beispiel so:

> *„Es war wirklich sehr wichtig für mich, dass ich die Folien mal im Workshop präsentieren konnte und Feedback von den anderen Multiplikatoren und Euch erhalten habe".*

Die Anwendung der Instrumente erhöht nicht nur das Verständnis für die Instrumente und die eigene Aufgabe, sondern vertieft auch das Verständnis der Veränderung. Die Multiplikatoren, die sich auf den oben genannten zweiten Workshop nicht vorbereitet hatten, taten sich unglaublich schwer bei den Übungen, weil sie die Veränderung noch nicht vollends für sich akzeptiert hatten. Damit sind die Übungen gleichzeitig auch ein Sicherheitsnetz bzw. Quercheck bei der Vorbereitung der Multiplikatoren.

Begleitung der Multiplikatoren

Nach der einmaligen Vorbereitung auf ihre Aufgabe benötigen die Multiplikatoren kontinuierliche Unterstützung während des gesamten Veränderungs- bzw. Kommunikationsprozesses. Dies kann am Besten durch eine Kombination aus regelmäßigen persönlichen Meetings und laufender Information über aktuelle Ereignisse im Projekt erreicht werden.

Regelmäßige Informations-Updates, die beispielsweise alle zwei Wochen per Email versendet werden, halten die Multiplikatoren auf dem Laufenden und wirken sich gleichzeitig positiv auf die Motivation aus. Mit jedem Update erhalten die Multiplikatoren dabei immer auch den Auftrag zur Weiterleitung dieser Informationen in geeigneter Form an die relevanten Personen. Idealerweise enthält der Werkzeugkasten bereits einen Platz für die Ablage dieser Updates.

Das Ziel der persönlichen Meetings variiert erfahrungsgemäß im Verlauf der Veränderung. Zu Beginn brauchen die Multiplikatoren voraussichtlich weitere konkrete Unterstützung bei ihren Maßnahmen und wollen ihre Erfahrungen mit anderen Kollegen austauschen. Während der intensiven Kommunikationswellen können gemeinsam die großen Maßnahmen wie beispielsweise eine Roadshow-Serie vorbereitet werden, um die dezentrale Sichtweise hierbei zu berücksichtigen. Im weiteren Verlauf können die ersten Reviews durchgeführt werden und gegebenenfalls müssen die Multiplikatoren in Anbetracht der Dauer und Arbeitsbelastung zusätzlich motiviert werden. Grundsätzlich wichtig ist die permanente Erreichbarkeit eines Ansprechpartners im Projekt für Fragen.

194

Einsatz der Multiplikatoren

Der Beitrag des Multiplikatorenansatzes zur Effektivität der Kommunikation hängt von der Art der Integration der Multiplikatoren in bestehende Kommunikationsaktivitäten und die Schaffung neuer Kommunikationsaktivitäten rund um die Multiplikatoren ab (siehe Abbildung 9.3).

Abbildung 9.3: Integration der Multiplikatoren in Kommunikationsmaßnahmen [41]

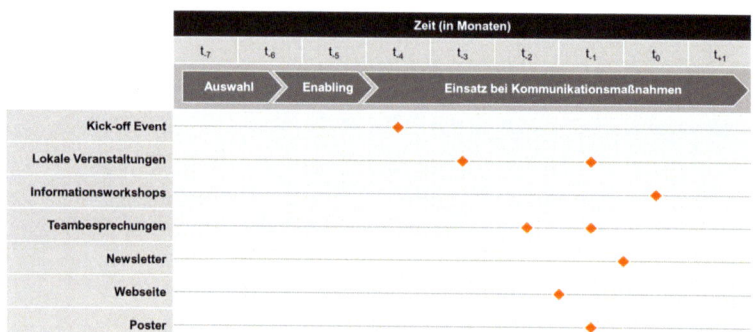

Multiplikatoren können spezifische **Aspekte der Veränderung auf dem lokalen Kickoff an ihrem Standort erklären** und dadurch die Glaubwürdigkeit der Veranstaltung und der Informationen erhöhen. Sie könnten die anderen Mitarbeiter zum Beispiel davon überzeugen, dass die neue Art der Zusammenarbeit zwischen Zentrale und Standort auch eine gute Seite hat oder dass die neue Technologie deutlich besser ist als die Gerüchte vermuten lassen.

In unserem Beispielprojekt wurde das zentrale Kickoff Event durch eine Reihe von lokal organisierten Veranstaltungen pro Standort fortgeführt. Bei diesen Veranstaltungen wurden die Projektvertreter dahingehend von den Multiplikatoren unterstützt, dass sie die Informationen ganz konkret auf verschiedene Abteilungen heruntergebrochen und die Auswirkung der Veränderung so exemplarisch veranschaulicht haben. Multi-

---

[41] In Anlehnung an Wagner (2006)

plikatoren konnten ihre eigenen Erfahrungen während der Multiplikatorenworkshops nutzen. Sie berichteten darüber, dass sie anfangs ebenfalls skeptisch gewesen seien, dass der Prozess aber definitiv gut funktioniere. Sie hätten es persönlich erlebt.

Darüber hinaus haben die Multiplikatoren **an verschiedenen Workshops am Standort teilgenommen**, in denen jeweils ein Projektvertreter mit Vertretern verschiedener Abteilungen die Auswirkungen der neuen Struktur auf den Standort und mögliche Anpassungsbedarfe diskutierte.

Je nach Verhältnis zwischen der Anzahl der Multiplikatoren und der Anzahl der betroffen Mitarbeiter in einem bestimmten Bereich können die Multiplikatoren die **Informationen direkt an alle Mitarbeiter weitergeben.** Dies setzt natürlich voraus, dass ausreichend viel Zeit in den bestehenden Teammeetings hierfür reserviert wird. In bestimmten Phasen einer Veränderung sind Teammeetings ohne die Teilnahme von Multiplikatoren garantiert ineffektiv, weil die Teamleiter selber unzureichend über die Veränderung informiert sind. Sie können ihren Mitarbeitern weder die Veränderung erklären noch deren Fragen beantworten. Konkrete Idee: Multiplikatoren nehmen im Rotationsverfahren an den Meetings verschiedener Abteilungen teil. Hierdurch wird die Vielfalt an Diskussions- und Feedbackmöglichkeiten geschaffen, die für erfolgreiche Kommunikation notwendig ist.

Multiplikatoren können einen **positiven Effekt auf die gedruckte und elektronische Kommunikation** haben. Die Glaubwürdigkeit der Informationen wird erhöht, indem Statements, Zitate oder Fotos von Multiplikatoren auf geeignete Weise in Poster, Newsletter oder Webseite integriert werden. Auch hier hängt die Effektivität allerdings wieder von der Vorbereitung und vom konkreten Verhalten der Multiplikatoren ab. In einem der Projekte, die ich analysiert habe, war beispielsweise die Absicht, dass die Multiplikatoren in bestimmten Bereichen die gedruckten Newsletter in den Teammeetings verteilen, auf die wesentlichen Aspekte hinweisen und zum Lesen ermutigen. Aufgrund eines unklaren Auftrags und suboptimaler Motivation hat dies aber nicht funktioniert. Damit waren temporär nicht nur die Multiplikatoren sondern auch der Newsletter ineffektiv.

Schließlich können die Multiplikatoren zumindest **temporär einen Mangel an offizieller Kommunikation kompensieren.** In einem von mir analysierten Projekt mussten die Multiplikatoren an bestimmten Standorten in endlosen Diskussionen immer wieder die Notwendigkeit der Veränderung erklären, weil die Verantwortlichen im Projekt versäumt hatten, während der Kickoff Veranstaltung ein Bewusstsein für die Dringlichkeit der Veränderung zu schaffen. Als positiver Effekt hiervon wurden die Multiplikatoren allerdings auch im weiteren Verlauf der Veränderung zum Hauptansprechpartner in ihrem Bereich und hatten dadurch eine ungewöhnliche Transparenz über die formelle und informelle Kommunikation zum Thema. Sie konnten damit hilfreiche Informationen in beide Richtungen weiterleiten.

Kapitel 10

Monitoring der Kommunikation [42]

---

[42] Aufgrund seiner Bedeutung ist das Monitoring von Veränderungsprozessen und Veränderungskommunikation ein eigenes Buch
wert. Wir geben daher an dieser Stelle nur eine kurze Übersicht.

Ein regelmäßiges Monitoring des Status ist eine notwendige Voraussetzung erfolgreicher Veränderungskommunikation. Das regelmäßige Monitoring dient dabei in erster Linie dem Ziel, die Kommunikation in Planung und Durchführung optimal zu gestalten. Im Wesentlichen geht es um das Monitoring von drei Aspekten:

1. Kontrolle/Dokumentation der Durchführung der Maßnahmen
2. Bewertung der Wirkung der einzelnen Kommunikationsmaßnahmen
3. Grad der Zielerreichung in Bezug auf die Kommunikationsziele

Die Frage nach dem WAS ist beim Monitoring also einfach zu beantworten. Die Herausforderung besteht in der Beantwortung der Frage nach dem WIE.

Monitoring der Umsetzung der Kommunikationsmaßnahmen

Direkt nach der Erstellung des Kommunikationsplans sollten Sie sich fragen:

> *„Wie kontrolliere ich am besten, ob die Maßnahmen im Kommunikationsplan so umgesetzt wurden, wie wir es geplant haben, ohne als Kontrollfreak oder Bürokrat dazustehen, der die Praktiker von der Arbeit abhält?"*

Denn ohne Überblick ist eine Steuerung der Kommunikation durch den Kommunikationsverantwortlichen nicht möglich und ohne Steuerung wird die Kommunikation wahrscheinlich nicht erfolgreich sein.

Bei gutem Projektmanagement werden alle wesentlichen Kommunikationsmaßnahmen ebenso wie die anderen Aspekte des Projekts im Projektstatus berichtet. Für die Vielzahl der lokalen Maßnahmen bietet sich der informelle Austausch mit dem jeweiligen Ansprechpartner am Standort an. Der effizienteste Weg für die Steuerung durch den Kommunikationsverant-wortlichen ist die Pflege einer Liste, die einmalig zu Beginn des Projekts angelegt und dann regelmäßig aktualisiert wird. Wichtig ist, dass nicht nur die zentralen Maßnahmen wie Veranstaltungen dokumentiert werden, weil diese ohnehin als wesentliche Meilensteine im Kommunikationsplan enthalten sind, sondern beispielsweise auch die Einzelgespräche und Gremiensitzungen mit den Schlüsselpersonen (Abbildung 10.1).

Abbildung 10.1: Beispiel für die Dokumentation der Kommunikationsmaßnahmen [43]

Maßnahme / Gremium	Termin	Erfolgt?	Inhalt / Ziel	Wer aus Programm?
Gremien				
Übergreifende Gremien				
Steuerkreis Entwicklungsprojekte	12.05.2006	x	Zustimmung zu Programmvorschlag	Programmleiter, Leiter PMO
Steuerkreis Entwicklungsprojekte	21.07.2006	x	Status Programmfortschritt	Programmleiter, Leiter PMO
Vorstandsauschuss Organisation	28.05.2006	x	Genehmigung	Programmleiter, Leiter PMO
Vorstandsauschuss Organisation	22.10.2006	x	Status und weitere Vorgehensweise	Programmleiter, Leiter PMO
Qualitätslenkungskreis Entwicklungsbereich	14.11.2006	x	Überblick über das Programm	Leiter PMO
Qualitätslenkungskreis Technikbereich	07.11.2006	x	Überblick über das Programm	Leiter PMO
...				
Fachbereichsgremien				
Führungskreis Ebene 1 Technik	03.11.2006	x	Überblick über das Programm	Programmleiter, Leiter PMO
Führungskreis Ebene 1 Entwicklung	06.10.2006	x	Aktuelle Qualitätssituation, Ankündigung Programm	Programmleiter, Leiter TP Qualität
Führungskreis Ebene 2 Entwicklung Antrieb	03.02.2007	x	Aktuelle Qualitätssituation, Ankündigung Programm	Leiter PMO, Leiter TP Qualität
Führungskreis Ebene 2 Entwicklung Fahrwerk	09.07.2006	x	Aktuelle Qualitätssituation, Ankündigung Programm	Leiter PMO
...				
Key Stakeholder				
Vorstand Entwicklung	06.01.2006	x	tbd	Programmleiter
Bereichsleiter Entwicklungsstrategie	02.12.2006		tbd	Leiter PMO
Bereichsleiter Werk 1	19.11.2006	x	tbd	Programmleiter, Leiter TP Prozesse, Koordinator Technik
Bereichsleiter Werk 2	27.11.2006	x	tbd	Programmleiter, Leiter PMO
...				
Medien				
Zentral organisiert				
Veröffentlichung Projektwebseite	18.12.2006	x		Leiter PMO
Artikel in Mitarbeiterzeitschrift	09.01.2007	x	Programm im Überblick	Leiter PMO
Lokal Werk 1				
Artikel in Werkszeitschrift	09.02.2007	x	Programm im Überblick (Fokus Werk 1)	Rollout Koordination Werk 1
Aushang am schwarzen Brett	16.02.2007	x	Projektansprechpartner	Rollout Koordination Werk 1
...				
...				

---

[43] Eigene Darstellung

Monitoring der Wirkung der Kommunikationsmaßnahmen

Die Bewertung und Wirkungskontrolle einzelner Kommunikationsmaßnahmen hängt von der jeweiligen Maßnahme ab. Einige
Beispiele:

- Einen Email-Newsletter können Sie anhand der An- und
  Abmeldungen für den Newsletter beurteilen, anhand des
  Zugriffs auf weiterführende Informationen oder anhand
  qualitativer Kommentare, die Sie als Antwort-Email erhalten.
- Für Intranet und Webseiten gibt es Statistiken über Anzahl der
  Zugriffe und besuchte Seiten.
- Bei größeren Veranstaltungen oder Trainings ist eine
  Bewertung anhand eines Feedbackbogens üblich.
- Bei Workshops können Sie am Ende durch eine einfache
  +/- Abfrage einen schnellen Überblick erhalten.

Grundsätzlich können Sie bei vielen Kommunikationsmaßnahmen
das Monitoring sehr unterschiedlich gestalten. Bei einem Event
wären die drei Möglichkeiten zum Beispiel: (a) Bewertungsbogen
am Platz, (b) Email mit Link auf die Online-Befragung zwei Tage
nach der Veranstaltung oder (c) Bälle am Ausgang, die die
Teilnehmer zur Bewertung in drei verschiedene Säulen werfen
können. Die Eignung des Monitoring kommt auf das Ziel, die
Unternehmenskultur und die Situation im Projekt an.

Monitoring des Grads der Zielerreichung

Der wichtigste Aspekt beim Monitoring ist der Grad der Zielerreichung. Eine Standardlösung gibt es hier nicht. Die relevante
Frage ist:

> Wie weit sind **Sie** mit **Ihrer Kommunikation** auf **Ihrem
> Weg** zu **Ihrem Ziel**?

Voraussetzung für ein sinnvolles Monitoring der Kommunikation
ist dabei immer die frühzeitige Definition messbarer Kommunikationsziele für das Projekt und erst anschließend die Ableitung
von Inhalten und Vorgehen für das Monitoring. Zwei Beispiele:

Wenn das Ziel der Kommunikation ein Beitrag zu den vier Aspekten der Verhaltensänderung (siehe Kapitel 3) ist, dann sollten Sie regelmäßig checken, inwiefern den Mitarbeitern die Notwendigkeit der Verhaltensänderung **bewusst** ist, inwiefern sie **verstanden** haben, was genau von ihnen verlangt wird, inwiefern sie die gewünschte Verhaltensänderung **akzeptieren** und inwiefern sie das gewünschte **Verhalten** einmalig oder regelmäßig zeigen. Das Ergebnis können Sie zum Beispiel mit vier Säulen auf einer Skala von 1-10 darstellen und Sie werden im Zeitverlauf hoffentlich einen Fortschritt feststellen.

Wenn Sie das **sichtbare Commitment der oberen Führungskräfte** und ihr einheitliches Auftreten als Ziel der Kommunikation ansehen, dann sollten Sie das obere Management selber, das mittlere Management und die Mitarbeiter weiter unten in der Hierarchie fragen, inwiefern sie dieses Ziel erreicht sehen.

Die Online-Befragung eines repräsentativen Querschnitts aller Zielgruppen ist eine gängige Form der Erhebung. Erfahrungen und teilweise auch Technologien hierfür liegen in vielen großen Unternehmen vor, weil regelmäßig Mitarbeiterbefragungen durchgeführt werden. Dies erleichtert die Arbeit deutlich.

Umgesetzt werden kann das Monitoring natürlich auch durch den Aufbau eines Netzwerkes an Ansprechpartnern, die in vereinbarten Abständen über das Stimmungsbild an ihrem Standort oder in ihren Abteilungen berichten. Das Meinungsbild gibt einen groben Überblick über die Wirkung der bisherigen Kommunikationsmaßnahmen und zeigt notwendigen Anpassungsbedarf auf.

Die Erkenntnisse, die Sie durch das Monitoring gewinnen, führen zu einer neuen Wahrnehmung der Situation und machen eine Anpassung des Kommunikationsplans erforderlich. Für diese Anpassung der Planung gelten die gleichen Empfehlungen wie für die ursprüngliche Planung (siehe Kapitel 5).

Am Wichtigsten ist beim Monitoring ist die Rückmeldung der Ergebnisse des Monitoring an die Befragten. Die Erwartungshaltung bei fast allen Befragten ist, dass sie irgendeine Information darüber erhalten, was bei der Befragung herausgekommen ist und was mit den Ergebnissen gemacht wurde. Diese Erwartung wird in Veränderungsprozessen in der Praxis leider häufig nicht erfüllt. Im schlechtesten Fall frisst die daraus entstandene Enttäuschung den Nutzen der verbesserten Kommunikationsplanung auf.

Abschlussbericht für das Teilprojekt Kommunikation

Am Ende des Projekts sollte das Kommunikationsteam ebenso einen Abschlussbericht erstellen müssen wie alle anderen Projekte auch. Während dies in der Praxis häufig in erster Linie der formellen Entlastung des Kommunikationsverantwortlichen dient, gibt es noch zwei weitere wichtige Aspekte: (a) Es werden hilfreiche Lessons Learned für das nächste Projekt generiert und (b) es werden offene Punkte im Bereich Kommunikation definiert, die für die nachhaltige Umsetzung der Veränderung trotz formellem Abschluss des Projekts noch notwendig bzw. sogar zwingend erforderlich sind.

Kapitel 11

Organisation der Kommunikation im Projekt

Die spezifische Verankerung der Kommunikation hängt vom Inhalt des Projekts und von der Verankerung anderer Funktionen wie beispielsweise Projektmanagement, Integration oder Qualifizierung ab. Dennoch gibt es vor allem für komplexe Projekte einige generelle Aspekte, die zu berücksichtigen sind.

Erster Aspekt: Was sind die Aufgaben des Kommunikationsverantwortlichen?

Die folgende Liste ist eine Zusammenstellung der typischen Aufgaben eines Teilprojekts Kommunikation:

- Entwicklung der Kommunikationsstrategie
- Entwicklung des Kommunikationskonzepts
- Erstellung des Kommunikationsplans
- Terminplanung der Projektkommunikation
- Aufsetzen des Teilprojekts Kommunikation
- Ausgestaltung der einzelnen Kommunikationsmaßnahmen im Projektverlauf
- Einbindung des Betriebsrats in die Kommunikation
- Unterstützung bei dezentralen Kommunikationsmaßnahmen
- Bereitstellung einer stets aktuellen Standardpräsentation, FAQ und Glossar
- Erstellung von Präsentationen für Gremien
- Konzeption und „Betrieb" des Intranetauftritts des Projekts
- Abgleich der geplanten Kommunikationsmaßnahmen mit anderen Projekten
- Abgleich der geplanten Kommunikationsmaßnahmen mit Kommunikationsstellen
- Einhaltung der CI-Vorgaben sicherstellen
- Leitplanken für Projektkommunikation (inkl. dezentraler Maßnahmen) entwickeln und die Einhaltung sicherstellen
- Regelmäßiges Monitoring des Stands der Kommunikation
- Bericht über Stand der Zielerreichung an die Projektleitung
- Coaching / Training / Briefing der Projektverantwortlichen zu Kommunikation
- Nachweis des Nutzens der Kommunikation

Zweiter Aspekt: Welche Voraussetzungen bzw. Rahmenbedingungen sind notwendig, um diese Kommunikationsleistungen erbringen zu können?

Hier die Wunschliste für ein komplexes Projekt, die Sie an Ihr Projekt anpassen können:

- Veränderungsbedarfsanalyse aller Projekte und Teilprojekte, um geeignete Ziele und Meilenstein für die Kommunikation definieren zu können
- Regelmäßig kommunikationsfähige Inhalte (Erfolge, Fallbeispiele, Meilensteine) aus dem Gesamtprojekt und den Teilprojekten
- Nutzung des vereinbarten Standards bzw. der Standardfolien durch die Projekte soweit sinnvoll
- Definiertes Budget (Unterscheidung in „Muss" und „Soll" Tätigkeiten)
- Pünktliche Lieferung der benötigten Inhalte (beispielsweise für Newsletter oder Beitrag in Mitarbeiterzeitschrift) durch Projekt- und Teilprojektleiter
- Teilnahme der Projekt- und Teilprojektleiter an Kommunikationsmaßnahmen (beispielsweise Vorträge oder Vertreter an Messestand bei Veranstaltungen)
- Vereinbarung und Akzeptanz der Rolle des Kommunikationsverantwortlichen (Planen und Durchführen aber auch Monitoren und Steuern)
- Klare Spielregeln für die Zusammenarbeit zwischen Fachprojekt und Kommunikationsteam
- Operative Unterstützung im Gesamtprojekt verfügbar für Koordinations- und Organisationsaufgaben inklusive Terminabstimmung sowie für Erstellung Erstentwürfe oder Überarbeitung Inhalte
- Bereitschaft der Projekt- und Teilprojektleiter zu gemeinsamer Planung der Kommunikation
- Transparenz über dezentrale Kommunikationsaktivitäten (Workshops, Flyer, Kommunikationsdokumente etc.)
- Budget für Kommunikation bei den Projekten eingestellt
- Umsetzung der Projektinhalte einschließlich Change Management und Kommunikation im Projektauftrag enthalten

Dritter Aspekt: Wie wird die Kommunikation organisatorisch im Projekt verankert, um die vereinbarten Aufgaben bestmöglich wahrnehmen zu können?

Auch hier gibt es wieder verschiedene Möglichkeiten:

- Kommunikation ist ein eigenständiges Teilprojekt mit direktem Berichtsweg an die Projektleitung (ggf. ist Kommunikation integriert in ein Teilprojekt mit anderen Aspekten des Change Managements)
- Kommunikation ist eine Querschnittsfunktion, die einerseits die Fachprojekte konkret unterstützt und andererseits aber auch übergreifend koordiniert.
- Der Kommunikationsverantwortliche ist im Kernteam vertreten und nimmt an den relevanten Gremiensitzungen teil (ggf. repräsentiert durch den Gesamtverantwortlichen für Change Management)
- Kommunikation hat ein eigenes Budget für übergreifende Maßnahmen und greift bei projektspezifischen Maßnahmen auf das Budget der Projekte zurück (die auf die Notwendigkeit der Einstellung eines Budgets für Kommunikation bei der Budgetplanung hingewiesen werden)

Je nach Komplexität des Projekts ist es eventuell hiermit getan: die Aufgaben sind definiert, die Voraussetzungen sind geschaffen und Kommunikation ist organisatorisch im Projekt verankert. Alternativ geht die eigentliche Arbeit hier erst los:

- Wer ist im Kommunikationsteam?
- Wer hat welche Rolle?
- Wie werden weitere Personen eingebunden?
- Welche Gremien und Regeltermine gibt es?

Intern im Projekt sollten diese Aspekte eindeutig geregelt sein und dann nach außen kommuniziert werden.

Gesamtverantwortlicher für das Thema Kommunikation ist der **Leiter des Teilprojekts Kommunikation**. Je nach Kommunikationsbedarf hat er dabei ein Team aus Mitarbeitern, die einzelne Aspekte der Kommunikation verantworten bzw. diese abarbeiten. Alle Mitarbeiter im **Kommunikationsteam** sollten stets zu allen Aspekten der Kommunikation auskunftsfähig sein. Es gibt also ein Team aus Experten, das wie die Fachprojekte auch auf ihre konkrete Aufgabe spezialisiert ist und über dementsprechende Erfahrung verfügt. Dadurch sind allerdings **Projekt- und Teilprojektleiter** aufgrund ihrer Gesamt-verantwortung für alle Aspekte ihres Projekts (einschließlich Stakeholder Management und Umsetzung) niemals aus der Pflicht zu lassen. Während das Kommunikationsteam zwar gemäß Auftrag einen Großteil der kommunikativen Aufgaben erledigt, so ist doch eine permanente Abstimmung mit den Fachverantwortlichen im Projekt notwendig: Welche Inhalte haben die Projekte zu kommunizieren? Welche Neuigkeiten gibt es? Wie passen die vorgeschlagenen Maßnahmen zum Bedarf der Projekte? Ist der Aufwand für die Teilprojektleiter bei der Vorbereitung und Durchführung noch akzeptabel? Diese Fragen müssen im ersten Schritt nicht immer mit allen relevanten Personen abgestimmt werden, sondern können mit repräsentativen Projektvertretern vorab besprochen werden. Hierzu können Sie einen Regeltermin mit **ausgewählten Vertretern aus den Projekten** einrichten. Diese Kombination aus eigentlichem Kommunikationsteam und Vertretern aus den Projekten ist quasi das „Kommunikationsgremium" des Projekts. Die enge Verzahnung von fachlichen Ansprechpartnern und Kommunikationsverantwortlichen ist erfolgskritisch. Beispiels-weise ist beim Monitoring nicht die Erkenntnis ausreichend, dass schlechte Stimmung unter den MA herrscht. Es muss auch in Absprache mit den Fachverantwortlichen geklärt werden, durch welchen fachlichen Aspekt eine solche Stimmungs-verschlechterung ausgelöst worden sein könnte und welche Stellschrauben möglicherweise zur Verbesserung führen könnten. Erst dann können geeignete Kommunikationsmaßnahmen geplant und durchgeführt werden.

Während fast alle Aspekte der Kommunikation mit den bisher genannten Funktionen abgedeckt werden, ist für bestimmte Aspekte das **Kernteam** des Projekts mit allen Teilprojektleitern und Querschnittsfunktionen relevant (z.B. um das gesamte Kommunikationskonzept zu verabschieden) und zudem sind bestimmte Aspekte im **Steuerkreis** des Projekts freizugeben. Gleichzeitig findet hierdurch eine Sensibilisierung für das Thema Kommunikation statt. Dies sind die relevanten Beteiligten innerhalb des Projekts.

Bei komplexen Projekten werden weder die Kapazität noch die Reichweite des Kommunikationsteams ausreichen, um die verschiedenen Zielgruppen in den verschiedenen Bereichen des Unternehmens zu erreichen. Hierzu bietet sich die Erweiterung des Kommunikationsteams um Vertreter dieser Bereiche bzw. Standorte an. Dies ergibt das **erweiterte Kommunikationsteam**. Die wesentlichen Aufgaben bestehen in der Einbringung der dezentralen Sichtweisen (Input) in die Kommunikationsplanung und die Koordination der dezentralen Kommunikation am jeweiligen Standort (Output). Falls die Standortvertreter im erweiterten Kommunikationsteam nicht gleichzeitig die **Verantwortlichen für die Linienkommunikation** am Standort sind, sollte eine separate Abstimmung mit diesen Stellen beispielsweise in Form von Meetings oder bilateralen Gesprächen erfolgen. Darüber hinaus gibt es meist eine zentrale Unternehmenskommunikation, die eingebunden oder zumindest informiert werden will. Weitere Personengruppen, die gegebenenfalls in die Planung und Abstimmung eingebunden werden müssen, sind **Vertreter der Fachbereiche** bzw. Zielgruppen, um deren Sichtweisen berücksichtigen zu können. Falls ein Multiplikatorenansatz oder die Verwendung von Key Usern in Erwägung gezogen wird, müssten auch diese entsprechend berücksichtigt werden.

Tabelle 11.1 ist so zu verstehen, dass natürlich nicht alle Funktionen in einem Projekt vorkommen müssen bzw. von derselben Person erledigt werden können.

Abbildung 11.1: Verantwortung verschiedener Personen in der Kommunikation

Funktion	Verantwortung / Aufgabe
Leiter des Teilprojekts Kommunikation	- Planen, Umsetzen, Steuern und Monitoren der Kommunikation - Koordination aller Beteiligten
Mitarbeiter im Teilprojekt Kommunikation	- Verantwortung und/oder Durchführung einzelner Aufgaben des Teilprojekts
Leiter Gesamtprojekt	- Gesamtverantwortung für Projekt inklusive Kommunikation - Beauftragung des Teilprojekts Kommunikation
Leiter Teilprojekt	- Gesamtverantwortung für ihr Teilprojekt inklusive Kommunikation - Laufende Abstimmung mit den Kommunikationsverantwortlichen
Kernteam des Projekts	- Freigabe des Kommunikationsplans und großer Einzelmaßnahmen - Regelmäßig zeitnahe Diskussion kritischer Aspekte der Kommunikation
Steuerkreis des Projekts	- Freigabe des Kommunikationsplans und großer Einzelmaßnahmen
Multiplikatoren / Key User	- Aktive Rolle bei verschiedenen Kommunikationsmaßnahmen
Kommunikationsabteilung des Unternehmens	- Sicherstellung des Fits der Projektkommunikation mit der gesamten Kommunikationslandschaft - Unterstützung bei Berichten über das Projekt in den Medien, die ohnehin von derjenigen Abteilung verantwortet werden (bspw. Mitarbeiterzeitung, Aktuelles im Intranet, ...)
Kommunikationsabteilung des Standorts oder Bereichs	- Verantwortung und Durchführung bereichspezifischer Kommunikationsmaßnahmen - Rückmeldung zu Status an Teilprojekt Kommunikation
Vertreter der Fachbereiche	- Feedback zu den geplanten Maßnahmen als Sparringspartner - Feedback zu durchgeführten Maßnahmen als Wirkungskontrolle

Kapitel 12

Abschließende Empfehlung

Just do it. Einfach machen! So lautet mein Motto. Und darum geht es auch in der Veränderungskommunikation.

Einfach machen: Voraussetzung für eine erfolgreiche aufeinander abgestimmte Kommunikation aller Beteiligten ist, dass sich eine Person den Schuh anzieht und sagt „Ich kümmere mich darum" und dies dann auch wirklich tut.

Einfach machen: Für die erfolgreiche Planung und Steuerung von Kommunikationsprogrammen inklusive der Vorbereitung der Führungskräfte auf ihre Rolle im Kommunikationsprozess brauchen Sie viel Wissen und Erfahrung. Daher sollten Sie nicht zu viele neue Ideen auf einmal in Ihre Arbeit aufnehmen. Auf die spontane emotionale Begeisterung über eine neue Maßnahme folgt nämlich nicht selten die Ernüchterung, dass neue Maßnahmen sehr viel Arbeit machen. Und der eigentliche Effekt tritt nur dann ein, wenn die neue Maßnahme sinnvoll in das Gesamtkonzept eingebettet ist.

Wir geben zu: Der Kommunikationsprozess zwischen mehr als zwei Beteiligten ist komplex. Aber: **Sie können die Komplexität handhabbar machen.** Erstellen Sie zum Beispiel Ihr Kommunikationskonzept Schritt für Schritt mit Hilfe der Ausführungen in Kapitel 5 oder nutzen Sie die Übersicht über die Prinzipien erfolgreicher Kommunikation in Kapitel 4, um zu überprüfen, ob Sie bei Ihrer Kommunikation alle Erfolgsfaktoren berücksichtigt haben.

Dann bleibt nur noch zu sagen: Wir würden an Ihrer Stelle nicht zu lange alleine planen, sondern **die Beteiligten einbinden**: Ihren Auftraggeber, die Projektleiter und Teilprojektleiter, alle mit einer aktiven Rolle im Kommunikationsprozess und auch einige von denjenigen, deren Verhalten Sie mit Ihrer Kommunikation verändern wollen. Dies spart Ihnen Arbeit und sensibilisiert alle Beteiligten für die gemeinsame Herausforderung.

Viel Erfolg.

Arbeitshilfen für Ihr Projekt

1. Checkliste zu den Prinzipien erfolgreicher
   Veränderungskommunikation

2. Checkliste für die Erstellung eines Kommunikationskonzepts

3. Persönlicher Aktionsplan für die Teilnehmer des
   Kommunikationstrainings

4. Checkliste für den Multiplikatorenansatz

Die Anwendung bestimmter Prinzipien erhöht den Erfolg Ihrer Veränderungskommunikation. Wir empfehlen Ihnen, nach Erstellung Ihres Kommunikationskonzepts diese Checkliste Punkt für Punkt durchzugehen und kritisch zu überprüfen, ob Sie alle Prinzipien berücksichtigt haben:

- ☐ Auf die Situation eingegangen?
- ☐ Saubere Analyse zu Beginn durchführt?
- ☐ Maßgeschneidert für jede Zielgruppe?
- ☐ Im Dialog mit den Mitarbeitern?
- ☐ Kernbotschaften formuliert?
- ☐ Gefühl der Dringlichkeit sichergestellt?
- ☐ Erste Erfolge sichtbar gemacht?
- ☐ Kernbotschaften wiederholt?
- ☐ Nicht zu viel und nicht zu wenig kommuniziert?
- ☐ Frühzeitig informiert?
- ☐ Regelmäßig kommuniziert?
- ☐ Das obere Management nicht aus der Verantwortung gelassen?
- ☐ Die weiteren Managementebenen gewonnen und unterstützt?
- ☐ Meinungsführer eingebunden?
- ☐ Persönliche Kommunikation plus elektronische und gedruckte Kanäle?
- ☐ Die richtige Maßnahme für das richtige Ziel eingesetzt?
- ☐ „Push" und „Pull" eingesetzt?
- ☐ Alle Maßnahmen orchestriert?
- ☐ Konsistenz über Personen und Kanäle?
- ☐ Klarheit der Kommunikation?
- ☐ Glaubwürdigkeit sichergestellt?
- ☐ Inhalt und Wirkung informeller Kommunikation berücksichtigt?
- ☐ Die Kommunikation sauber geplant?
- ☐ Regelmäßig den Status erhoben?

Unser Tipp:
Sie sollten gute Gründe dafür haben, ein Prinzip nicht beachtet zu haben.

Das Ziel eines strukturierten Vorgehens bei der Erstellung des Kommunikationskonzepts ist eine Effizienzsteigerung bei der Planung und eine Effektivitätssteigerung beim Ergebnis. Die folgende Abbildung stellt ein Vorgehen dar, das wir in zahlreichen Projekten erfolgreich angewendet haben.

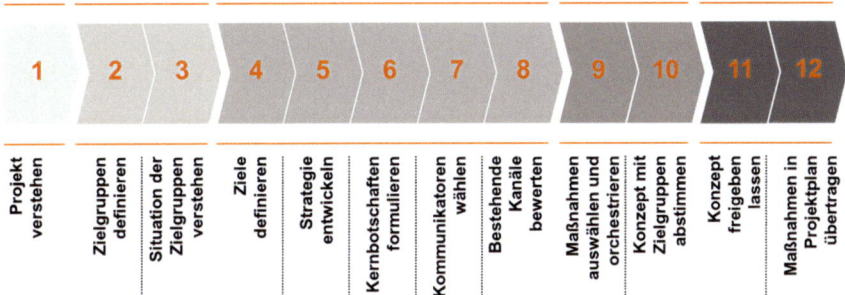

Diese Checkliste enthält für Sie zur Unterstützung wichtige Fragen für die einzelnen Schritte bei der Erstellung des Kommunikationskonzepts.

Schritt 1: Projekt verstehen

☐ Worum geht es in dem Projekt?
☐ Was ist das Ziel? Was soll verändert werden?
☐ Wie passt das Projekt in die Unternehmensstrategie?
☐ Welche Schnittstellen gibt es zu anderen Projekten?
☐ Warum ist das Projekt notwendig?
☐ Wie ist der Zeitplan? Was sind die wesentlichen Meilensteine?
☐ Wer ist am Projekt beteiligt?
☐ Welche Aktivitäten in der Vergangenheit haben einen Bezug zum Projekt?
☐ Was genau ist der Auftrag an das Kommunikationsteam?

Schritt 2: Zielgruppen definieren

- ☐ Wer ist intern und extern vom Projekt betroffen?
- ☐ Welche Prozesse, Funktionen oder Rollen sind vom Projekt betroffen?
- ☐ Wer hat darüber hinaus ein Interesse an dem Projekt? (z.B. Standortöffentlichkeit)
- ☐ Wen will ich mit der Kommunikation über das Projekt erreichen?
- ☐ Welche Hierarchiestufe spreche ich an, um die notwendige Unterstützung für das Projekt zu erreichen?
- ☐ Wie kann ich die Zielgruppen „schneiden"? (Ebene, Funktion, Standort, ...)
- ☐ Wie kann man die Personengruppen kurz beschreiben?
- ☐ Welche Gemeinsamkeiten/Unterschiede gibt es zwischen den Personengruppen?

Schritt 3: Situation der Zielgruppen verstehen

- ☐ Was genau verändert sich für die Zielgruppen?
- ☐ Was sind die Veränderungsanforderungen auf der Verhaltensebene?
- ☐ Aus welchen Gründen könnten die Mitarbeiter freiwillig mitmachen?
- ☐ Aus welchen Gründen könnten die Mitarbeiter Widerstand leisten?
- ☐ Welche Kommunikationsmaßnahmen haben bereits stattgefunden?
- ☐ Wie ist der Wissensstand über das Projekt?
- ☐ Wie ist die Einstellung gegenüber dem Projekt?

Schritt 4: Kommunikationsziele definieren

- ☐ Was ist das übergeordnete Ziel der Kommunikation?
- ☐ Wer braucht welche Informationen bis wann?
- ☐ Wer soll wann welches Verhalten zeigen?
- ☐ Bis wann soll dieses Ziel erreicht werden?
- ☐ Welche Etappenziele gibt es?
- ☐ Wie passen die Etappenziele zu den Meilensteinen des Projekts?

Schritt: 5 Kommunikationsstrategie entwickeln

- ☐ Woran wollen wir uns mit unserer Kommunikation orientieren?
- ☐ Was sind geeignete Metaphern oder durchgängige Beispiele?
- ☐ Was ist die Story, die wir erzählen?
- ☐ Was sind die großen Blöcke der Kommunikation? (Phasen, Etappen, ...)

Schritt 6: Kernbotschaften formulieren

- ☐ Welche Themen sollten wir adressieren?
- ☐ Welche Themen sollten wir vermeiden?
- ☐ Was soll in jedem Fall bei den Mitarbeitern hängen bleiben?
- ☐ Gibt es Schlüsselbegriffe, die immer wieder verwendet werden sollen?
- ☐ Gibt es Begriffe, die tabu sind?
- ☐ Wo benötigen wir zielgruppenspezifische Botschaften?

Schritt 7: Kommunikatoren wählen

- ☐ Welche Rolle spielt das obere Management?
- ☐ Welche Rolle spielt das mittlere Management?
- ☐ Welche Rolle spielen die operativen Vorgesetzten?
- ☐ (Meister, Vorarbeiter, lokale Vertriebsleiter, ...)
- ☐ Wer ist willens zu kommunizieren?
- ☐ Wer ist kompetent zu kommunizieren?
- ☐ Wer ist glaubwürdig und vertrauenswürdig?
- ☐ Welche Rolle übernimmt die Projektleitung?
- ☐ Werden alle Zielgruppen direkt oder indirekt (mittels anderer Zielgruppen) erreicht?
- ☐ Werden zusätzliche Multiplikatoren, Key User oder Change Agents benötigt?

Schritt 8: Bestehende Kommunikationskanäle bewerten

- ☐ Welche bestehenden Kommunikationskanäle nutzen die Mitarbeiter?
- ☐ Welche Kommunikationskanäle werden für welche Inhalte benutzt?
- ☐ Welche Gremien gibt es, die genutzt werden können?
- ☐ Welche Aspekte einer Nachricht können mit welcher Kommunikationsmaßnahme stabil transportiert werden? (Sache, Beziehungsaufbau, Selbstdarstellung, Appell)
- ☐ Wie ist die Qualität der Maßnahmen hinsichtlich Design, Text und Versendung?
- ☐ Welche Kommunikationsmaßnahmen sind glaubwürdig?

Schritt 9: Kommunikationsmaßnahmen auswählen und orchestrieren

☐ Welche Kommunikationsmaßnahmen kommen grundsätzlich in Frage?
☐ Wer benötigt welche Information wie schnell und in welchem Detaillierungsgrad?
☐ Wann können bzw. müssen die ersten Kommunikationsmaßnahmen starten?
☐ Welche inhaltliche Kommunikationskette ist für die nächsten Monate aufzubauen?
☐ Wann werden welche Medien in welcher Verkettung eingesetzt?
☐ Welche Verknüpfungen gibt es zum Gesamtprojekt?
☐ Mit welchen Medien und Methoden können wir am Besten die Kernbotschaften rüberbringen?

Schritt 10: Kommunikationsplan mit Zielgruppenvertretern abstimmen

☐ Auf welche Zielgruppen gehen wir zu?
☐ Wie wählen wir die Vertreter der Zielgruppen aus?
☐ Wird die Abstimmung bereits als erster offizieller Schritt kommuniziert?
☐ Welche Gerüchte werden nach den Gesprächen mit den Zielgruppenvertretern eventuell entstehen?
☐ Wie wirken sich diese Gerüchte auf die Eignung der geplanten Maßnahmen aus?
☐ Wer nimmt seitens des Projekts an den Gesprächen teil?
☐ Welche Risiken sind mit einer Abstimmung verbunden?

Schritt 11: Kommunikationsplan freigeben lassen

☐ Wer gibt den Kommunikationsplan frei?
☐ Mit wem müssen wir informelle Gespräche vorab führen?
☐ Welche Einzelmaßnahmen müssen wir im Detail freigeben lassen?
☐ Was sind mögliche kritische Fragen?
☐ Wie lautet unsere Antwort auf diese Fragen?
☐ Wie erklären wir den Return on Change Communication Investment?

Schritt 12: Kommunikationsmaßnahmen in den Projektplan übertragen

☐ Dürfen und sollen wir starten? (Budget, Personen, Maßnahmen, ...)
☐ Wie werden die Kommunikationsmaßnahmen in den Projektplan integriert?

Mein persönlicher Aktionsplan: _____

Herausforderungen für effektive Kommunikation in meinem Bereich

Leitfragen für die Kommunikation:

- Welche kommunikativen Herausforderungen liegen bei mir speziell vor?
- Auf welche Erfolgsfaktoren wird es aufgrund der Situation in meinem Bereich besonders ankommen?
- Was sind die Ansatzpunkte in der Kommunikation, damit sich meine Mitarbeiter aktiv in die Veränderung eingebunden fühlen?
- Welche Motivationsfaktoren bewirken bei meinen Mitarbeitern, dass Sie Ihren Beitrag zu einer erfolgreichen Veränderung leisten?
- Auf was kommt es bei den jetzigen Veränderungen in der Kommunikation mit meinen Mitarbeitern speziell an?

Die zentralen kommunikativen Herausforderungen in meinem Bereich sind:

Strategie für effektive Kommunikation in meinem Bereich

Diese Kernbotschaften sollen bei meinen Mitarbeitern ankommen:

Diese Kommunikationskanäle werde ich verwenden:

Diese Maßnahmen leite ich in den nächsten 6 Wochen ein, um die Kommunikation zu optimieren:

Nr.	Was?	Bis wann?	Mit wem?

CHECKLISTE FÜR DIE VERWENDUNG DES MULTIPLIKATORENANSATZES

Diese Liste fasst die Kriterien für einen erfolgreichen Multiplikatorenansatz zusammen und kann daher zur Überprüfung der Qualität Ihres eigenen Konzepts verwendet werden:

☐ Nehmen Sie sich die Zeit und wählen Sie die richtigen Multiplikatoren aus (Fähigkeit, Bereitschaft und Kapazität)

☐ Multiplikatoren sollten von den betroffenen Mitarbeitern als „einer von uns" wahrgenommen werden

☐ Multiplikatoren sollten als Person akzeptiert sein

☐ Bereiten Sie die Multiplikatoren ausreichend vor (Rolle, Verständnis, Akzeptanz, Fähigkeiten)

☐ Stellen Sie geeignete Tools zur Verfügung und üben Sie diese ein

☐ Setzen Sie bei den ersten Maßnahmen Teams von jeweils zwei Multiplikatoren ein, so dass sie voneinander lernen und Selbstvertrauen entwickeln können

☐ Planen Sie den letzten Vorbereitungsworkshops nach den ersten Aktivitäten ein, um daraus lernen und ggf. das Konzept anpassen zu können

☐ Setzen Sie kleine Lerngruppen auf, damit sich die Multiplikatoren laufend austauschen und gegenseitig voneinander lernen können: fachlich und emotional

☐ Stellen Sie sicher, dass ein Vertreter des oberen Managements regelmäßig an den Multiplikatorenworkshops teilnimmt, um die Motivation und die Unterstützung aufrecht zu erhalten

☐ Nachdem die erste(n) Kommunikationswelle(n) stattgefunden haben, besprechen Sie die Rolle der Multiplikatoren im weiteren Verlauf der Veränderung

☐ Nutzen Sie den Multiplikatorenansatz nicht, wenn Sie nicht bereit sind, die notwendige Zeit und Geld in ihre Vorbereitung zu investieren.

Über die Autoren

Dr. Eike Wagner (Jahrgang 1975) ist Berater und Trainer für Change Management u.a. für die change FACTORY GmbH. Zuvor war er 3 Jahre in der internen Change Management Beratung der BMW Group tätig. Studiert hat er Betriebswirtschaft in Paderborn und promoviert hat er über Veränderungskommunikation in Oxford. Sein Motto: It's the people, stupid! Erfolgreich werden diejenigen sein, die die betroffenen Mitarbeiter wirklich verstehen wollen und sich die Zeit nehmen, sich in die Mitarbeiter hineinzuversetzen.

http://www.eikewagner.de

Dr. Stefan Fries (Jahrgang 1963) ist seit 1997 geschäftsführender Gesellschafter der change FACTORY GmbH. Nach Wirtschafts-ingenieurstudium in Karlsruhe und Paris und ersten Berufserfahrungen im SAP-Umfeld lernte er während seiner Promotion an der Universität St. Gallen die Herausforderung von Veränderungsprozessen kennen. Nach einem Forschungsaufenthalt am M.I.T. in Boston und dem dortigen Kontakt mit Peter Senge widmet er sich seit 1994 als Berater ganz dem Management von Veränderungsprojekten.

Ulrich Gerndt (Jahrgang 1965) ist seit 2001 bei der change FACTORY GmbH. Als geschäftsführender Gesellschafter liegt sein Schwerpunkt auf der Konzeption und Durchführung komplexer Leadership Development Programme und der Veränderungsbegleitung. Zuvor hatte er 8 Jahre leitende Funktionen bei Industrie- und Dienstleistungsunternehmen in der Telekommunikation inne. Gerndt hat seine berufliche Karriere 1984 als Zeitoffizier bei der Bundeswehr begonnen, dort hat er auch Elektrotechnik und Betriebswirtschaft studiert.

Holger Schaefer (Jahrgang 1964) studierte nach einer Banklehre Betriebswirtschaft und Organisationspsychologie in München. Anschließend leitete er Veränderungs- und Managemententwicklungsprojekte für eine internationale Consultingfirma. Die interne Veränderungsperspektive lernte er im Rahmen seiner Tätigkeit als Consultant bei einer Großbank schätzen. Seit 1997 ist er geschäftsführender Gesellschafter der change FACTORY GmbH. Sein Motto: Bewusst gelebte Eigenverantwortung ist der stärkste Motor für sinnvollen Wandel!

Dr. Jürgen Schüppel (Jahrgang 1963) ist seit 1997 geschäftsführender Gesellschafter der change FACTORY GmbH. Nach Banklehre und Studium der Betriebswirtschaft und Organisationspsychologie in München beschäftigte er sich während seiner Promotionszeit an der Universität St. Gallen intensiv mit der Transformation von Unternehmen. Der wissenschaftlichen Auseinandersetzung zu der in Veränderungsprozessen notwendigen Balance aus Hard Fact und Soft Facts folgte die langfristige Begleitung zahlreicher komplexer Change Projekte als Berater.

.

Die change FACTORY ist ein partnergetriebenes Beratungs- und Trainingsunternehmen in München-Sendling. Seit 1997 agieren wir erfolgreich im Markt, sind kontinuierlich gewachsen und arbeiten für kleinere Betriebe sowie große internationale Konzerne unterschiedlichster Branchen. Wir fokussieren uns im Wesentlichen auf zwei Geschäftsfelder:

- Begleitung von Veränderungsprozessen
- Führungskräfteentwicklungsprogramme

Unser breites Kompetenzspektrum deckt die "harten" betriebswirtschaftlichen Methoden genauso wie die "weichen" psychologischen Methoden ab. Dieser ganzheitliche Ansatz spiegelt sich auch in den Fähigkeiten und Erfahrungen unserer 30 Mitarbeiter wieder, die mit ganz unterschiedlichen beruflichen Hintergründen (BWL, Psychologie, Pädagogik, Ingenieurwesen) zu uns kommen.

Wir leben in unserer Arbeit das **change FACTORY Prinzip**:

- Wir sprechen die **Sprache des Vorstandes und des Meisters** in der Werkstatt.
- Wir arbeiten immer mit **Herzblut** und begegnen unseren Kunden als **Menschen**.
- Wir sind **zielstrebig und leistungsorientiert** und haben dennoch **Bodenhaftung**.
- Wir passen uns **flexibel** an die Bedürfnisse der unterschiedlichen Kunden an und gehen die Herausforderungen gemeinsam mit dem Kunden **zupackend** und **pragmatisch** an.

http://www.change-factory.de

Literaturverzeichnis [44]

---

[44] Wir verstehen dieses Literaturverzeichnis als Nachschlagewerk zum Thema Veränderungskommunikation und haben es daher bewusst ausführlich gestaltet. Auf Empfehlungen für weiterführende Literatur haben wir verzichtet, denn dafür müssten wir mehr über Ihren konkreten Bedarf wissen. Bei Fragen melden Sie sich einfach bei uns. Wir helfen gerne. Literatur zu den übergreifenden Aspekten des Projekt- und Change Managements sowie Literatur zu psychologischen Hintergründen ist nicht enthalten. Die hierzu relevanten Informationen sind im Text an entsprechender Stelle als Fußnote aufgeführt.

Armenakis AA and Harris SG (2001) Crafting a Change Message to Create Transformational Readiness, *Journal of Organizational Change Management*, Vol.15, No.2, pp.169-183

Armenakis AA, Harris SG and Mossholder KW (1993) Creating readiness for organizational change, *Human Relations*, Vol.46, No.6, pp.681-703

Axley SR (2000) Communicating change: questions to consider, *Industrial Management*, Vol.42, No.4, pp.18-22

Barger N J and Kirby L K (1995) *The challenge of change in organizations*, Consulting Psychologists Press: Palo Alto/CA

Belmiro T (1997) *BPR change programmes in the UK and Brazil: a case study investigation with consideration of employee communication and other factors*, Unpublished doctoral dissertation: Heriot-Watt University

Belmiro TR, Gardiner PD, Simmons JEL, Santos FCA and Rentes AF (2000) Corporate communications within a BPR context, *Business Process Management Journal*, Vol.6, No.4, pp.286-303

Bernecker T and Reiss M (2003) Kommunikation im Change Management: Traditionelle und neue Kommunikationsinstrumente, *Personal*, Vol.55, No.3, pp.14-20

Blakstad M and Cooper A (1995) *The communicating organisation*, IPD: London

Bordia P, DiFonzo N and Schulz CA (2000) Source characteristics in denying rumors of organizational closure: Honesty is the best policy, *Journal of Applied Social Psychology*, Vol.30, No.11, pp.2309-2321

Brehm C (2002) Kommunikation im Unternehmungswandel, Krüger W (Ed.) *Excellence in Change: Wege zur strategischen Erneuerung*, Second revised edition, Wiesbaden: Gabler, pp.263-291

Brimm H and Murdock A (1998) Delivering the message in challenging times: the relative effectiveness of different forms of communicating change to a dispersed and part-time workforce, *Total Quality Management*, Vol.9, No.2/3, pp.167-180

Broadfield A (1997) *Micro-processes of change: written communication skills for organisational change*, Unpublished Doctoral Dissertation, University of Bradford

Buchholz U (2002) Wie funktioniert Veränderung? Interne Kommunikation als Schlüsselfaktor, Bentele G, Piwinger M and

Schönborn G (Eds.), *Kommunikationsmanagement: Strategien, Wissen, Lösungen*, Neuwied/Germany: Luchterhand

Buehrer R, Mueller C and Zimmermann HD (2003) *A method for systematic communications management in technology-driven change projects*, Presentation held at 7th Pacific Asia Conference on Information Systems, 10-13 July, Adelaide, South Australia

Change Management Learning Center (2009) *Change Management Tutorial Series*, Available at http://www.change-management.com

Chreim S (2002) Influencing organizational identification during major change: A communication-based perspective, *Human Relations*, Vol.55, No.9, pp.1117-1137

Clampitt PG, DeKoch RJ and Cashman T (2000) A strategy for communicating about uncertainty, *Academy of Management Executive*, Vol.14, No.4, pp.41-57

Clutterbuck D (2001) The communicating company, *Journal of Management Communication*, Vol.6, No.1, pp.70-76

Coch L and French JRP Jr. (1948) Overcoming Resistance to Change, *Human Relations*, Vol.1, pp.512-532

Collyer M (2000) Communication – the route to successful change management: Lessons from the Guiness integrated business programme, *Supply Chain Management*, Vol.5, No.5, pp.222-225

Daly F, Teague P and Kitchen P (2003) Exploring the role of internal communication during organisational change, *Corporate Communications*, Vol.8, No.3, pp.153-162

D'Aprix R (1996) *Communicating for Change: Connecting the workplace with the marketplace*, Jossey-Bass: San Francisco

Davis A (2000) Communicating change in a brave new way, *Tactics*, July, pp.12-19

Davis K (1953) Management communication and the grapevine, *Harvard Business Review*, pp.43-49

Day JD and Jung M (2000) Corporate transformation without a crisis, *McKinsey Quarterly*, No.4, pp.117-127

Deekeling E and Fiebig N (1999) *Interne Kommunikation: Erfolgsfaktor im Corporate Change,* Frankfurt am Main: Gabler

Deekeling E and Barghop D (2009) *Kommunikation im Corporate Change: Maßstäbe für eine neue Managementpraxis*, 2. Auflage, Wiesbaden: Gabler

244

Derieth A (1995) *Unternehmenskommunikation: Eine Analyse zur Kommunikationsqualität von Wirtschaftsorganisationen*, Opladen/Germany: Westdeutscher Verlag, Studien zur Kommunikationswissenschaft, Band 5

DiFonzo N and Bordia P (1998) A tale of two corporations: managing uncertainty during organizational change, *Human Resource Management*, Vol.37, No.3/4, Fall/Winter, pp.295-303

Doppler und Lauterburg (2002) *Change Management*, Tenth edition, Wiesbaden: Gabler

Dotzler HJ (1997) Gestaltung der internen Kommunikation als Grundlage marktorientierter Veränderungsprozesse, Reiß M, von Rosenstiel L and Lanz A (Eds.) *Change Management: Den Wandel gestalten*, Schäffer-Pöschel: Stuttgart/Germany, pp.333-345

Elving WJL (2005) The role of communication in organisational change, *Corporate Communications,* Vol.10, No.2, pp.129-138

Fairhurst GT (1993) Echoes of the vision: When the rest of the organization talks total quality, *Management Communication Quarterly*, Vol.6, pp.331-371

Ford JD and Ford LW (1995) The role of conversations in producing intentional change in organizations, *Academy of Management Review*, Vol.29, No.3, pp.541-570

Freeman MJ (1997) Now that you have got a design, how do you make it work?, *Journal of Quality and Participation*, Vol.20, No.3, pp.52-55

Gill J (1996) Communication – is it really that simple? An analysis of a communication exercise in a case study situation, *Personnel Review*, Vol.25, No.5, pp.23-36

Glover L (2001) Commmunication and consultation in a greenfield site company, *Personnel Review*, Vol.30, No.3, pp.297-316 (gute empirische Studie)

Grasse R (1999) Kommunikation statt Information, *Personalwirtschaft*, No.5, pp.68-70

Hackley S (2005) *Can you break the cycle of bad communication*, available at http://harvardbusinessonline.hbsp.harvard.edu

Harshman EF and Harshman CL (1999) Communicating With Employees: Building on an Ethical Foundation, *Journal of Business Ethics*, Vol.19, No.1, pp.3-19

Hirschhorn L (2002) Campaigning for Change, Harvard Business Review, July, pp.4-9

Horbury CRJ (1996) *Organisational change and safety culture: the impact of communication*, Unpublished Doctoral Dissertation, Aston University

Hutchison S (2001) Communicating in times of change: contributing to the success of business transformation, *Strategic Communication Management*, Vol.5, No.2, pp.28-31

Kieser A, Hegele C and Klimmer M (1998) *Kommunikation im organisatorischen Wandel*, Stuttgart: Schäffer-Poeschel

Kitchen PJ and Daly F (2002) Internal Communication during Change Management, *Corporate Communications*, Vol.7, No.1, pp.46-53

Klein SM (1994) Communication Strategies for Successful Organizational Change, *Industrial Management*, Vol.36, January/February, pp.26-31

Klein SM (1996) A Management Communication Strategy for Change, *Journal of Organisational Change Management*, Vol.9, No.2, pp.32-46

Knorr RO (1993) A strategy for communicating change, *Journal of Business Strategy*, Vol.14, July/August, pp.18-20

Koller H (1990) *Strategische Restrukturierung und Kommunikationsmanagement*, Bamberg/Germany: Difo

Kremer D (2004) Veränderungen in schwierigen Projekten professionell kommunizieren, *Projektmagazin*, Ausgabe 6

Krippendorf K (1993) Major metaphors for communication and some constructivist reflections on their use, *Cybernetics and Human Knowing*, Vol.2, No.1, pp.3-25

Larkin TJ and Larkin S (1994) *Communicating change: winning employee support for new business goals*, McGraw-Hill: New York

Larkin TJ and Larkin S (1996) Reaching and changing frontline employees, *Harvard Business Review*, May/June, pp.95-104

Leitch S and Davenport S (2002) Strategic ambiguity in communicating public sector change, *Journal of Communication Management*, Vol.7, No.2, pp. 129-139

Lengel RH and Daft RL (1988) The selection of media as an executive skill, *Academy of Management Executive*, Vol.11, No.3, pp.225-232

Lewin K (1947) Frontiers in group dynamics. Concept, method and reality in social science. Social equilibria and social change, *Human Relations*, Vol.1, No.1, pp.5-41

Lewis LK (1999) Disseminating information and soliciting input during planned organizational change: implementers' targets, sources and channels for communicating, *Management Communication Quarterly*, Vol.13, pp.43-75

Lewis LK (2000) Communicating change: four cases of quality programs, *Journal of Business Communication*, Vol.37, No.2, pp.128-155

Lewis LK (2000) "Blind-sided by that one" and "I saw that one coming": The relative anticipation and occurrence of communication problems in implementer's hindsight, *Journal of Applied Communication Research*, Vol.28, No.1, pp.44-67

Lewis LK, Hamel SA and Richardson BK (2001) Communicating change to nonprofit stakeholders: models and predictors of implementers' approaches, *Management Communication Quarterly*, Vol.15, No.1, pp.5-41

Lippitt M (1997) Say what you mean, mean what you say (creating effective corporate communication), *Journal of Business Strategy*, Vol.18, No.4, pp.18-20

Lundberg CC (1990) Towards Mapping the Communication Targets of Organisational Change, *Journal of Organizational Change Management*, Vol.3, No.3, pp.6-13

Mast C (2002) *Unternehmenskommunikation: ein Leitfaden*, Stuttgart: Lucius und Lucius

Melcrum (2007) *Delivering successful change communication: Proven strategies to guide major change programs*, Melcrum Publishing

Mercer Delta Consulting (2000) *Strategic communication: a key to implementing organizational change*, Mercer Delta Consulting

Mercer Delta Consulting (2001) *Point of view: communicating strategically*, Mercer Delta Consulting

Mohr N (1997) *Kommunikation und organisatorischer Wandel: Ein Ansatz für effizientes Kommunikationsmanagement im Veränderungsprozess*, Wiesbaden: Gabler/NBF

Mohr N and Woehe JM (1998) *Widerstand erfolgreich managen: Professionelle Kommunikation in Veränderungsprojekten*, Frankfurt am Main: Campus

O Connor JV (1990) Building internal communications, *Public Relations Journal*, Vol.46; No.6, pp.29-33

Palmer C and Fenner J (1999) *Getting the message across:a review of research and theory about disseminating information in the NHS*, London: Gaskell

Petty RE and Cacioppo JT (1986) *Communication and Persuasion: Central and Peripheral Routes to Attitude Change*, Springer: New York

Pfannenberg J (2009) Veränderungskommunikation: Den Change-Prozess wirkungsvoll unterstützen, 2. Auflage, Frankfurt: FAZ-Institut

Proctor T and Doukakis I (2003) Change management: The role of internal communication and employee development, *Corporate Communications*, Vol.8, No.4, pp.268-277

Quirke B (1996) *Communicating corporate change: a practical guide to communication and coporate strategy*, McGraw-Hill: London

Reger RK, Gustafson LT, DeMarie SM and Mullane JV (1994) Reframing the organization: why implementing total quality is easier said then done, *Academy of Management Review*, Vol.19, No.3, pp.565-584

Richardson P and Denton DK (1996) Communicating change, *Human Resource Management*, Vol.35, No.2, pp.203-216

Rogers EM (1995) *Diffusion of innovations*, Fourth edition, New York: The Free Press

Schick S (2002) *Interne Unternehmenskommunikation: Strategie entwickeln, Strukturen schaffen, Prozesse steuern*, Schaeffer-Poeschel Verlag: Stuttgart

Schnoeller KB and Tasch D (2001) Akzeptanzmanagement als zentraler Erfolgsfaktor bei unternehmerischen Transformationen, *Industrie Management*, Vol.17, No.4, pp.37-40

Schweiger D and DeNisi A (1991) Communication with employees following a merger: A longitudinal field experiment, *Academy of Mangement Journal*, Vol.34, pp.110-135

Sillince J, Harindranath G and Harvey CE (2001) Getting acceptance that radically new working practices are required: Institutionalization of arguments about change within a healthcare organization, *Human Relations*, Vol.54, No.11, pp.1421-1454

Smeltzer LR (1991) An analysis of strategies for announcing organization-wide change, *Group and Organization Management*, Vol.16, No.1, pp.5-24

Smeltzer LR and Zener ME (1992) Development of a model for announcing major layoffs, *Group and Organization Management*, Vol.17, No.4, December, pp.446-472

Spiker BK and Lesser E (1995) We have met the enemy ..., *The Journal of Business Strategy*, Vo.16, No.2, pp.17-21

Stout GB (1994) Key factors in implementing change, *Quality*, Vol.33, No.3, pp.9-10

Timmerman CE (2003) Media selection during the implementation of planned organizational change: A predictive framework based on implementation approach and phase, *Management Communication Quarterly*, Vol.16, No.3, pp.301-340

Townley B (1994) Communicating with employees, Sisson K (Ed.) *Personnel Management: a comprehensive guide to theory and practice in Britain*, Oxford: Blackwell, pp.595-633

Umsetzungsberatung (2009) *Change Guide*, http://www.umsetzungsberatung.de

Wagner E (2006) Effective Communication during planned change: An evaluation from the recipients' perspective, Doctoral Dissertation, Oxford Brookes University

Wagner E (2008) Use of multipliers in change communication: How credible personal communication can make a change effective, Klewes J und Langen R (eds.) Change 2.0: Beyond organisational transformation, 2008

Watzlawick P, Beavin JH and Jackson DD (1972), *Menschliche Kommunikation*, Third edition, Bern: Huber

Young M and Post JE (1993) Managing to Communicate, Communicating to Manage: How Leading Companies Communicate With Employees, *Organizational Dynamics*, Vol.22, No.1, pp.31-43 (Essenz aus 8 Case Studies)

Zorn TE, Page DJ and Cheney G (2000) Nuts about change: Multiple perspectives on change-oriented communication in a public sector organization, *Management Communication Quarterly*, Vol.13, pp.515-566

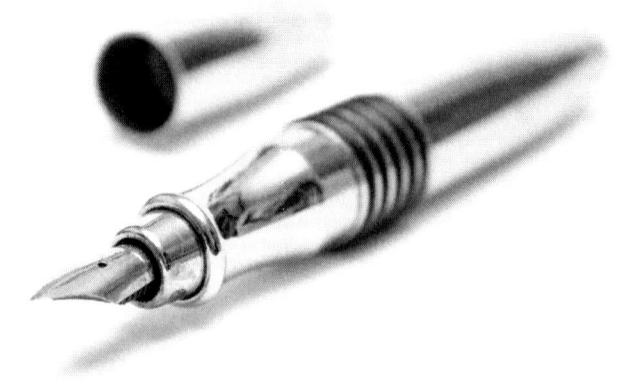